生命奥秘丛书

巨鲸传奇

Legend of the Great Whale

隋鸿锦/主编

科学出版社

北京

内 容 简 介

海洋，创造了地球上无数的生命奇迹，人类对这蔚蓝的世界有着无限的遐想。海洋生物种类繁多，其中有一族群，其祖先曾是从海洋来到陆地上生活的哺乳动物，后来又返回海洋生活。它就是深海巨兽——鲸。

本书借助生物塑化技术保存的鲸豚类标本照片，向读者介绍鲸的进化之路、种群分类、捕食技巧、洄游、同鱼类之区别等方面的知识，讲述鲸落对海洋生态环境的重要作用，呼吁广大读者保护海洋环境，珍爱海洋生物。

本书内容通俗易懂、妙趣横生，书中图片均为珍贵的独家资料，极具收藏价值。适合对鲸豚类动物感兴趣的广大读者阅读，对扩大海洋科普受众面、普及海洋知识具有积极作用。同时，也是生物学、博物馆学、考古学、动物保护学等领域的工作者、研究者、学习者的珍贵参考读物。

图书在版编目（CIP）数据

巨鲸传奇 / 隋鸿锦主编.—北京：科学出版社，2021.4
（生命奥秘丛书）
ISBN 978-7-03-068466-0

Ⅰ.①巨… Ⅱ.①隋… Ⅲ.①鲸—普及读物②海豚—普及读物
Ⅳ.① Q959.841-49

中国版本图书馆 CIP 数据核字 (2021) 第 052053 号

责任编辑：侯俊琳　唐　傲 / 责任校对：韩　杨
责任印制：师艳茹 / 封面设计：张伯阳

科 学 出 版 社 出版
北京东黄城根北街 16 号
邮政编码：100717
http://www.sciencep.com

北京汇瑞嘉合文化发展有限公司 印刷
科学出版社发行　各地新华书店经销
*
2021 年 4 月第 一 版　开本：889×1194　1/16
2023 年 1 月第二次印刷　印张：4 1/2　插页：1
字数：170 000

定价：78.00 元
（如有印装质量问题，我社负责调换）

主 　 　 　 编：隋鸿锦
副 　 主 　 编：范业贤　李军　薛玉超　高海斌　隋雪君　李宏龙
摄 　 　 　 影：徐国强　单驿
平 面 设 计：姜宇　徐俏　孙诗竹
标本制作人员：刘虎　李慧有　韩建　马学伟　丁锟　王乾　王喆　曲昌杰
　　　　　　　刘先壮　刘海　苏家俊　迟文干　金德昌　孟宪荣　贾超　唐宇
　　　　　　　矫新亮　朱航宇　庞秋霞

隋鸿锦 1965 年 2 月出生于辽宁省大连市。博士，二级教授，博士生导师，生命奥秘博物馆创始人。现任大连医科大学基础医学院解剖教研室主任，中国解剖学会副理事长，科普工作委员会主任委员，中国科协比较解剖学首席科学传播专家。

多年来一直从事人体解剖学和比较解剖学的教学与科研工作。主要科普著作"生命奥秘丛书"（包括《达尔文的证据》《深海鱼影》《人体的奥秘》）获得 2018 年度国家科学技术进步奖二等奖。在国内率先引进和推广生物塑化技术，被誉为"中国塑化第一人"。2004 年被评为"中国科普十大公众人物"，2008 年被授予"大连市归国留学人员创业英才标兵"，2019 年被评为辽宁省"兴辽人才计划"创新领军人才。国务院特殊津贴获得者。

PREFACE 序言

　　鲸，作为海洋中体型最大、社会行为最丰富的动物类群之一，一直深受人们的喜爱和关注。因其与人类有大量的友好互动，比如领航、合作捕鱼、营救落水者等，而成为一些国家和地区文化的重要元素。又因为大部分鲸生活在深海中，远离人群，不易被观测到，所以鲸在我们眼中笼罩着一层神秘的面纱，更加激发了人们一探究竟的好奇心。

　　从古至今，人类从未停止探索鲸的脚步，那些关于鲸的美丽诗文和传说就是最好的证明。"北冥有鱼，其名为鲲。鲲之大，不知其几千里也。""鲸，海中大鱼也。其大横海吞舟，穴处海底。出穴则水溢，谓之鲸潮。其出入有节，故鲸潮有时。"这是对鲸的外形和活动规律的描写。"波翻夜作电，鲸吼昼为雷。""不似琵琶不似筝，鲸音历历似秋情。"这大概是传说中的鲸歌吧。应该说，中国古人对鲸的观察和了解已经相当丰富。

随着现代科学技术的进步，尤其是信息技术和生物技术的飞跃式发展，人类观察和研究鲸的手段方式有了突破性进展，取得了前所未有的成果。本书就是在最新科研成果的基础上，撷取精华，为读者介绍鲸为什么不属于鱼类、庞大的鲸家族都有哪些成员、它们在海洋中是怎样生活的。借助现代生物塑化技术展示的标本图片，我们可以清晰地看到鲸的独特内部结构，并分析它们为适应水中生活而经历了哪些演化……"生如夏花之绚烂，死如秋叶之静美"就是鲸的写照，鲸的死亡不只是一个生命体的消亡，更意味着一个新的生态群落的诞生。如此壮美的生命，它们的现状如何呢？人类日益频繁的海洋开发活动对它们有哪些影响？我们能为这些可爱的生灵做些什么呢？

生命精彩，奥秘无穷。本书将带你一起领略丰富多彩的鲸世界。

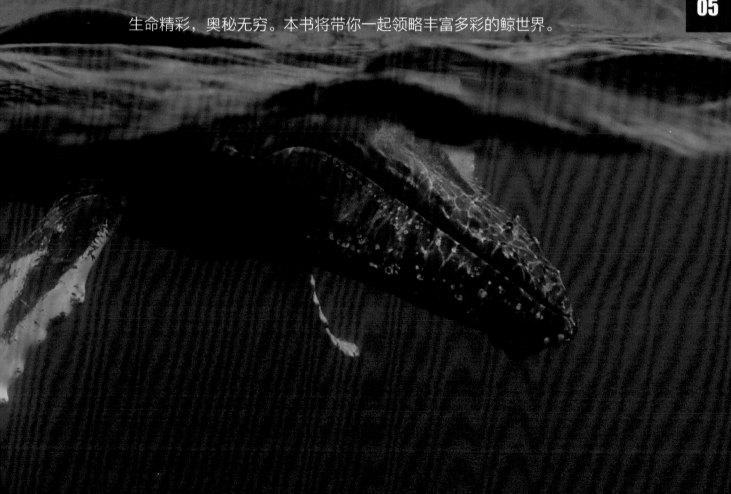

目录
Contents

鲸是鱼吗

IS WHALE A TYPE OF FISH?

海洋是生命的摇篮，亿万年来创造了地球上无数的生命奇迹。海洋生物种类繁多，作为其中一员的鲸，也是被我们所熟知的，人们习惯称它为"鲸鱼"。

"鲸鱼不是鱼，鲸鲨不是鲸。"

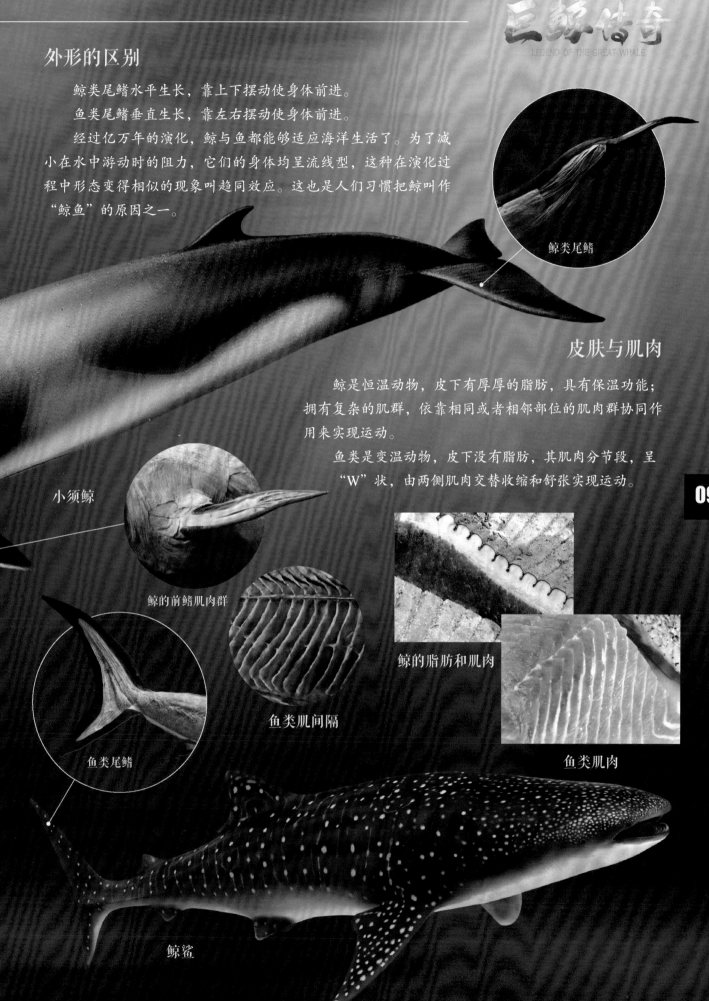

外形的区别

鲸类尾鳍水平生长，靠上下摆动使身体前进。

鱼类尾鳍垂直生长，靠左右摆动使身体前进。

经过亿万年的演化，鲸与鱼都能够适应海洋生活了。为了减小在水中游动时的阻力，它们的身体均呈流线型，这种在演化过程中形态变得相似的现象叫趋同效应。这也是人们习惯把鲸叫作"鲸鱼"的原因之一。

鲸类尾鳍

皮肤与肌肉

鲸是恒温动物，皮下有厚厚的脂肪，具有保温功能；拥有复杂的肌群，依靠相同或者相邻部位的肌肉群协同作用来实现运动。

鱼类是变温动物，皮下没有脂肪，其肌肉分节段，呈"W"状，由两侧肌肉交替收缩和舒张实现运动。

小须鲸

鲸的前鳍肌肉群

鱼类肌间隔

鲸的脂肪和肌肉

鱼类肌肉

鱼类尾鳍

鲸鲨

鲸是鱼吗
IS WHALE A TYPE OF FISH?

鳍的比较

    鳍是鱼类和某些其他水生动物的类似翅或桨的附肢，起着推进、平衡及导向的作用。许多生物皆演化出了鳍，尤其是大多数的鱼类。在哺乳动物中，则有鲸与海狮等动物拥有鳍。有时无鳍的物种也会因为发育异常而长出形状类似于鳍的肢。

海豚背鳍

海豚切片

抹香鲸尾鳍

座头鲸尾鳍

一角鲸尾鳍　　　　白鲸尾鳍

软骨鱼切片

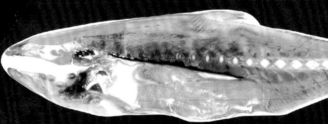

硬骨鱼切片

江豚前鳍　　　　鱼胸鳍

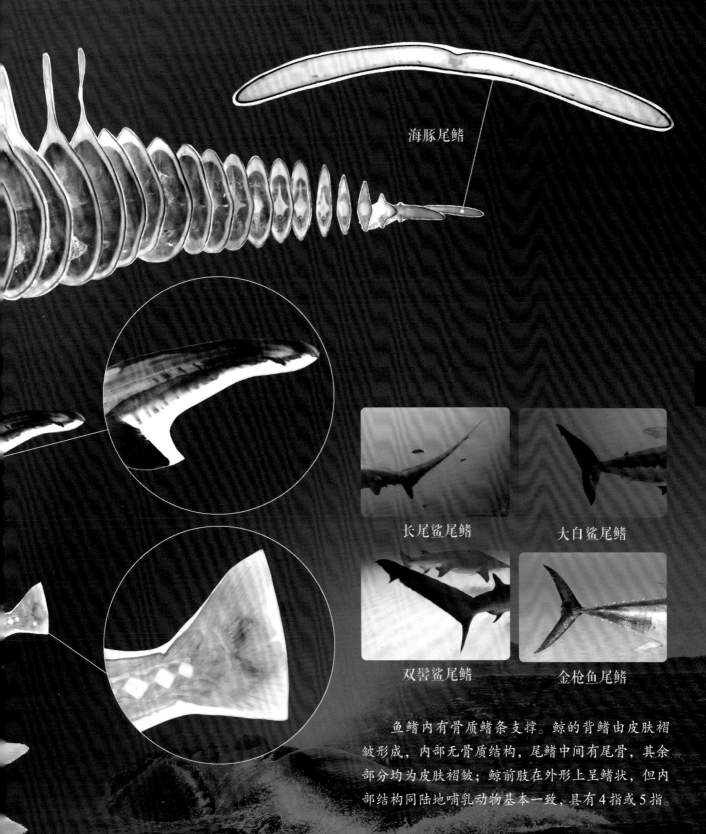

海豚尾鳍

长尾鲨尾鳍　　　大白鲨尾鳍

双髻鲨尾鳍　　　金枪鱼尾鳍

鱼鳍内有骨质鳍条支撑。鲸的背鳍由皮肤褶皱形成，内部无骨质结构，尾鳍中间有尾骨，其余部分均为皮肤褶皱；鲸前肢在外形上呈鳍状，但内部结构同陆地哺乳动物基本一致，具有4指或5指。

心脏的区别

鱼类有最原始的心脏，而脊椎动物的等级越高，其心脏结构越复杂；心脏结构越复杂，血液循环越完善；血液循环越完善，动脉血（富氧血）、静脉血（缺氧血）混合的程度越低；动脉血与静脉血混合程度越低，越有利于对氧气的利用。

	心脏结构	血液循环
鱼类	一心房一心室	鳃循环，心脏内为静脉血
鲸豚类	两心房两心室	体循环、肺循环，心脏内动脉血、静脉血分开

心脏

鱼类的心脏是单式心，分为一个心室、一个心房、静脉窦和动脉圆锥。

鲸的心脏是复式心，有两个心室，两个心房，静脉窦已经完全并入心房。

12

60
厘米

30

0

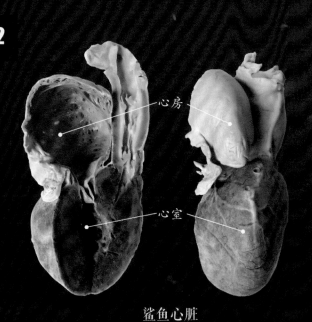

鲨鱼心脏

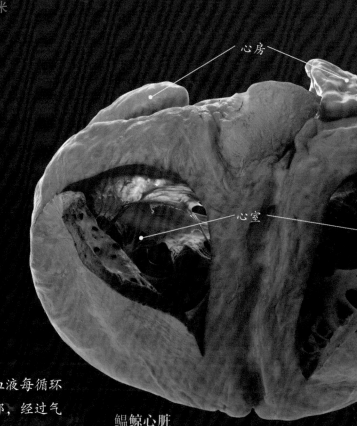

鲲鲸心脏

血液循环

鱼类的血液循环是单循环形式，即鳃循环，血液每循环一周只流经心脏一次。静脉血从心脏发出到达鳃部，经过气体交换后，动脉血从鳃部直接流经身体各部分，变成静脉血再返回心脏。

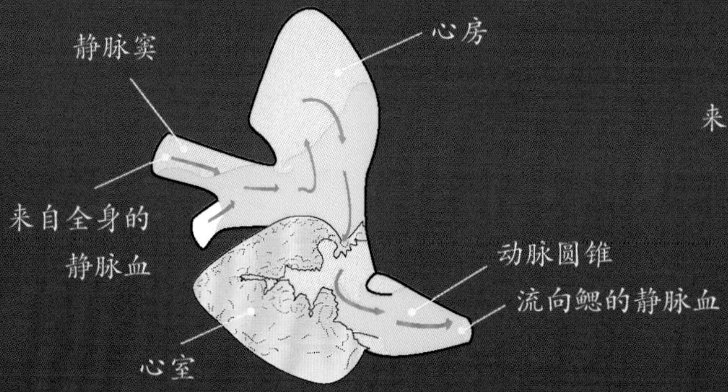

静脉窦

心房

来自全身的
静脉血

动脉圆锥
流向鳃的静脉血

心室

鱼类心脏血液循环示意图

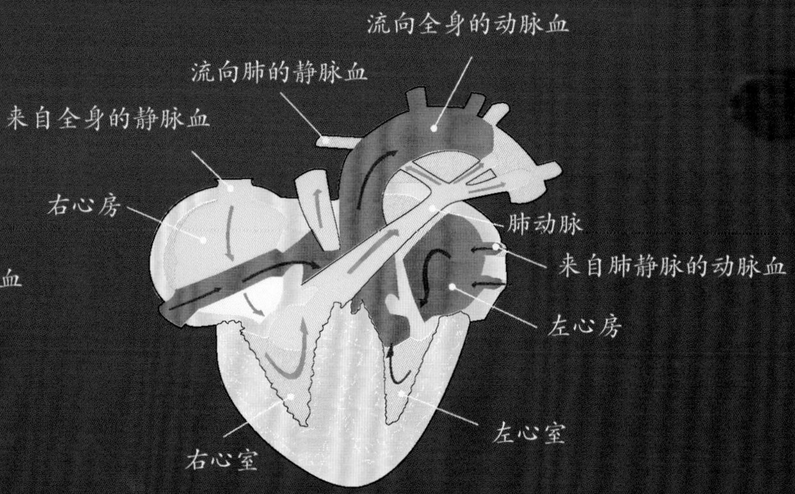

流向全身的动脉血

流向肺的静脉血

来自全身的静脉血

右心房

肺动脉

来自肺静脉的动脉血

左心房

右心室

左心室

鲸的心脏血液循环示意图

　　鲸类的血液循环是双循环形式，包括肺循环和体循环，血液每循环一周流经心脏两次。心隔已闭合完全，左右两半互不相通，使动脉血和静脉血可以"各行其道"免得混杂，这样更有利于新陈代谢的进行。

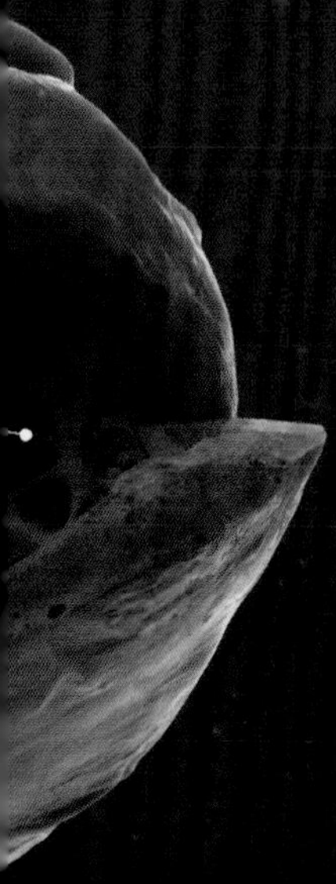

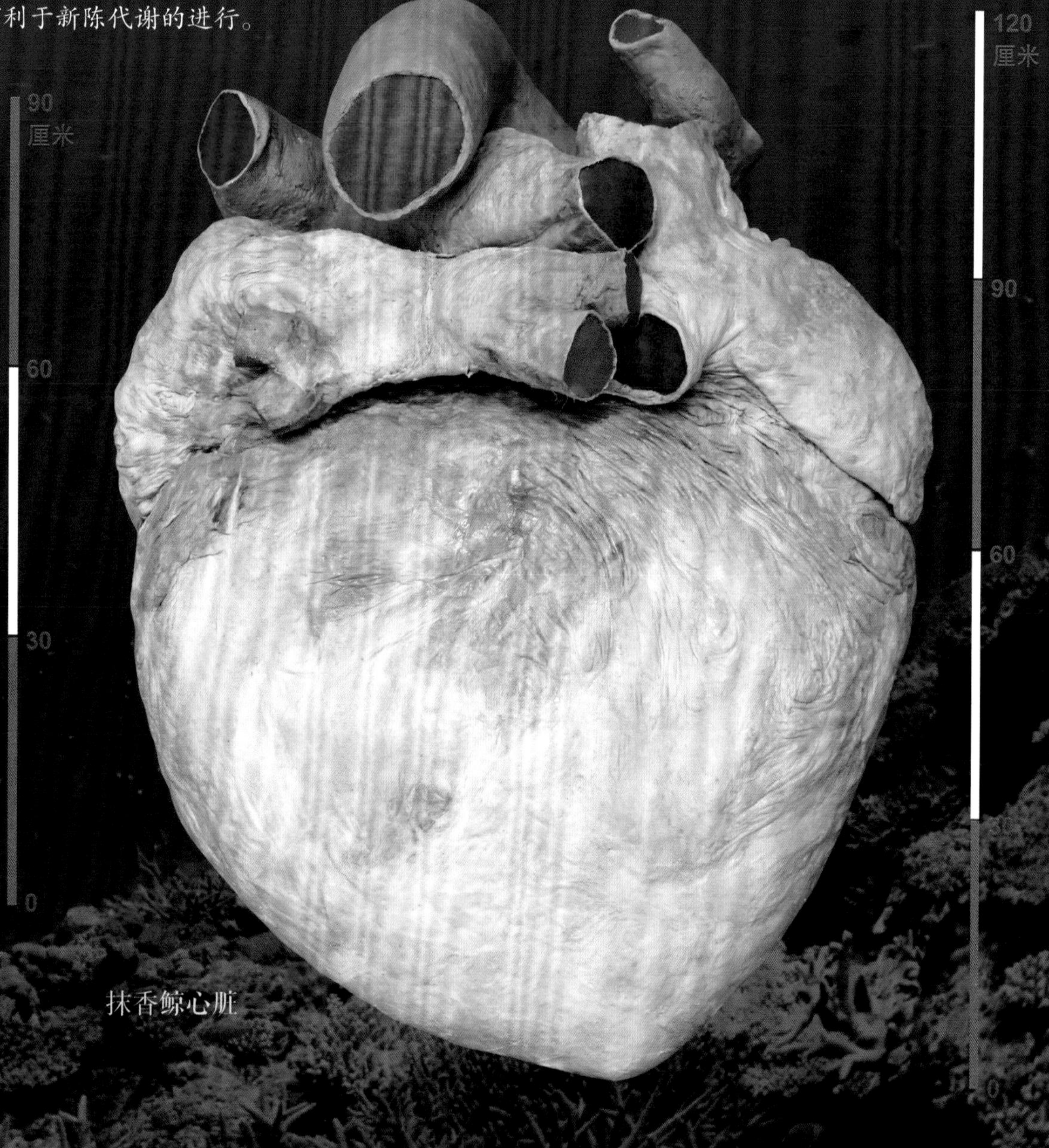

13

90
厘米

60

30

0

120
厘米

90

60

抹香鲸心脏

鲸是鱼吗
IS WHALE A TYPE OF FISH?

呼吸方式

鲸用肺呼吸，鱼用鳃呼吸。

像肺和鳃这样功能相同，但来源和结构不同的器官在比较解剖学上叫"同功器官"。

物种（齿鲸）	最大下潜深度（米）	最长屏气时间（分钟）
抹香鲸	约 2200	约 120
宽吻海豚	约 535	约 10
白鲸	约 645	约 20
虎鲸	约 260	约 15

鱼类的鳃位于咽部，左右成对，与外界相通的裂缝称为鳃裂；鳃裂前后壁表皮有许多水平皱裙，称为鳃丝，里面充满了微血管；前后鳃裂间的膜性或软骨性组织为鳃间隔。软骨鱼鳃间隔发达，硬骨鱼不发达；硬骨鱼的鳃裂外侧有鳃盖保护，而大部分软骨鱼则没有鳃盖。

鱼类通过鳃盖（硬骨鱼）和鳃间隔（软骨鱼）的运动，使水流从口进入，由鳃裂排出。鳃丝中血管极其丰富，当水流通过鳃裂时，水中的氧进入血管，血液中的二氧化碳则排出体外，从而完成气体交换。

鱼鳃

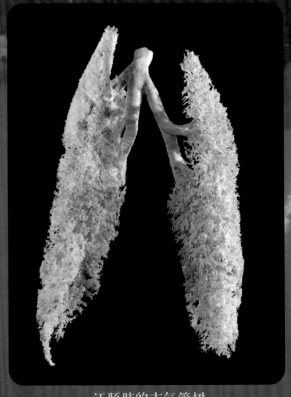

江豚肺的支气管树

鲸肺呈海绵状，由各级支气管、肺泡、血管及淋巴管等组成。浮出水面换气时，鲸先将肺内的大量废气排出，再通过位于头顶的鼻孔（喷水孔）吸入新鲜空气，空气经气管进入肺泡，与毛细血管网中的血液完成气体交换。

科普小贴士

潜水病

潜水病是指从深海或潜水箱内的高气压环境快速回到常压环境时所发生的气体栓塞疾病。潜水者从水下上升时，原来溶解于体液中的氮气由于气压的变动而迅速地变为气泡，进而阻塞血管。

鲸类虽然是哺乳动物，但却不会得潜水病。研究发现，鲸的肺部会随着压力的变化而变化：外界压力大，肺缩小；外界压力小，肺增大，以保证身体长时间维持在一种压强平衡的状态。

科普小贴士

潜水与屏气

鲸在水面吸气后潜入水中，通常可以屏气数分钟至两小时左右，如果不能及时浮出水面换气，就会溺水而亡。

鲸是鱼吗
IS WHALE A TYPE OF FISH?

生殖方式

从生物演化的大趋势看，生殖方式是随生物体由简单向复杂、由低级向高级而进化的。脊椎动物在长达数亿年的生命长河中，为了保护自己的幼崽、维护种族的繁衍，会演化出一些巧妙的生殖方式。常见的方式有胎生、卵生、卵胎生。

鲸是胎生的，可以直接产下幼崽，小宝宝出生后需要哺乳。胎生、哺乳是哺乳动物的主要特征。鱼类的生殖方式是卵生或卵胎生，无哺乳现象。

区别	生殖方式		
	胎生	卵生	卵胎生
受精方式	体内受精	体外受精	体内受精
发育方式	体内发育	体外发育	体内发育
是否哺乳	有哺乳现象	无哺乳现象	无哺乳现象
营养来源	胎儿营养通过胎盘从母体获得	胚胎营养来自卵黄	胚胎营养来自卵黄

科普小贴士
卵生

卵生是指动物的受精卵在母体外独立进行发育的生殖方式。卵生动物的胚胎在发育过程中，营养全来源于卵自身所含的卵黄，这类动物的卵一般较大，含卵黄较多。卵生在动物界是很普遍的生殖方式，昆虫、鸟、鱼和绝大多数爬行动物都是卵生的，低等的哺乳动物，如鸭嘴兽、针鼹也是卵生的。

卵鞘

鲨鱼卵

刚出壳的鳄鱼

卵生
（正在孵化的鲨鱼卵）

企鹅卵

怀孕的大白鲨

科普小贴士

卵胎生

卵胎生是指动物的卵在母体内发育成新的个体后才离开母体的生殖方式。胚胎发育所需营养主要靠吸收卵自身的卵黄，只有在发育后期，才从母体获得少量营养。这是动物通过对不良环境的长期适应而形成的繁殖方式，是动物进化过程中由卵生到胎生的一种过渡形式，母体对胚胎主要起保护和孵化作用，如部分鲨鱼及蝮蛇等。

卵胎生
（鲨鱼胚胎）

（电感受器，可以感受其他动物
发出的生物电，便于捕猎和社交）

脑　　罗伦氏壶腹

肠管内的螺旋瓣
（通过螺旋瓣可增加肠道吸收面积）

未受精卵
（为胎儿准备的第一餐）

牙齿
（5～6排，前排的牙齿脱落，后排的牙齿会补位，鲨鱼一生会换数万颗牙齿）

怀孕黑鳍鲨切片

在其生殖腔内可看到很多未出生的小鲨鱼和未经受精的卵，这些未受精的卵是母体为幼崽准备的第一餐，避免了鲨鱼幼崽为了生存而相互残食来获得营养的情况发生，增加了幼崽的生存概率，使种族的延续获得保障。

科普小贴士

假胎生

假胎生是一种特殊的卵胎生方式。受精卵在母体子宫内发育，胚胎发育所需要的营养物质主要来自卵黄，同时子宫内膜与卵黄囊膜形成类似胎盘（假胎盘）的结构，母体与胚胎之间可通过脐带和假胎盘发生物质上的交换，胚胎最后以幼体的形式离开母体。双髻鲨便是使用假胎生这一生殖方式的生物之一。

18

子宫内发育的幼崽

双髻鲨子宫内
未出生的小双髻鲨

怀孕的江豚

海狮胚胎

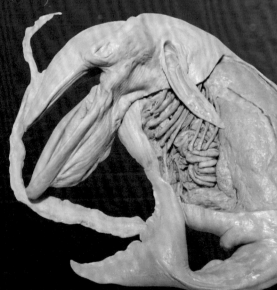

小鳁鲸胚胎

脐带

隔离层

胚胎　　　胎盘

鲨鱼假胎生模式图

科普小贴士

胎生

　　胎生动物的受精卵一般很小，在母体的输卵管上端完成受精，然后发育成早期胚，并在子宫着床，此后就长在母体的子宫内壁，借胎盘和母体连系，吸收母体血液中的营养成分及氧气，把二氧化碳及废物交送母体血液通过母体排出。待胎儿成熟，子宫收缩把幼体排出体外，形成一个独立的新生命。除单孔目外的哺乳类都是胎生的。

鲸是鱼吗
IS WHALE A TYPE OF FISH?

鲸乳

鲸类和人类同属于哺乳动物，母亲都要给新生儿喂奶。研究人员曾提取海豚的乳汁进行品尝，有一股浓浓的鱼腥味，好像在牛奶之中混合了鱼油、肝油和蓖麻油，让人难以下咽。鲸奶不仅味道与我们常喝的牛奶不一样，其状态也是有差别的，鲸奶中的脂肪含量特别高，呈类似牙膏的半固体状。

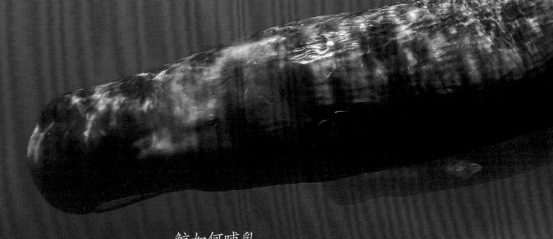

鲸如何哺乳

为了适应海洋生活，鲸类的身体必须是完美的流线型，以减少海水对其的阻力。像乳房等结构，实在是太碍事了，所以鲸类已经进化得通体光滑，就算你摸遍其全身都无法找到一丝累赘。不过，它们也是有乳头的，只是藏在体内。

鲸的哺乳过程非常有意思。鲸妈妈的乳头藏在凹陷的皮肤褶皱里，哺乳时，鲸妈妈的乳头会自动翻出，小鲸把舌头卷曲成封闭的圆管来吮吸乳汁，鲸妈妈通过肌肉收缩，将乳汁直接挤压到小鲸的口中，避免乳汁流失到大海里。

虎鲸卷成"U"字形的舌头

抹香鲸哺乳

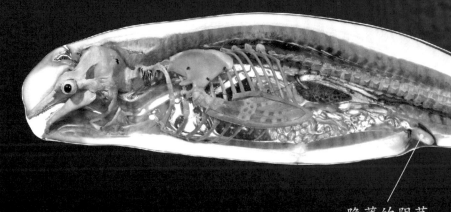

隐藏的阴茎

为适应水中生活，雄性江豚阴茎隐藏在皮肤褶皱中，以减少游动时产生的阻力。

科普小贴士

海洋中的小"红娘"

为了使种群繁衍，鲸甚至进化出了成人之美的"红娘"行为。灰鲸交配时通常有三头雄鲸围绕着一头雌鲸，最多时会有六头雄鲸，其中一头雄鲸会在水下托着身体庞大的正在交配的鲸，帮助其保持交配的姿势。

鲸类和鱼类的区别		
种类	鲸类	鱼类
尾鳍	水平生长，上下摆动	垂直生长，左右摆动
心脏	复式心	单式心
体温	恒温	变温
脂肪	有（厚）	无
呼吸器官	肺	鳃
划水工具	前肢	胸鳍
生殖方式	胎生	卵生、卵胎生

巨鲸家族

THE GIANT WHALE FAMILY

鲸是一种迷人的动物，生长在海洋中，有着看起来像鱼的外形，但却是货真价实的哺乳动物，有着温暖的血液和体温。

科学界认为，现代鲸类可以分为两大主要类群——须鲸亚目（须鲸）和齿鲸亚目（齿鲸）。

鲸的分类

　　齿鲸的种类要远远多于须鲸。须鲸现存14种，是动物世界真正的"巨人"，其中蓝鲸是世界上现存的最大动物，体长可达30多米，重达180余吨；齿鲸种类更为多样，现存大约76种，通常体型大者被称为鲸，小者被称为豚，因此鲸目又别称"鲸豚类"。

　　我们如何区别须鲸和齿鲸呢？有两个特征能帮助我们迅速识别：须鲸没有牙齿，长着密集的鲸须，有两个鼻孔位于头顶，呼吸时可以喷出两股"喷泉"；齿鲸有锋利的牙齿和一个鼻孔，呼吸时只能喷出一股"喷泉"。

23

齿鲸与须鲸的区别		
种类	齿鲸	须鲸
牙齿	有（锋利）	无，有鲸须
水柱	1个（倾斜、粗、矮）	2个（垂直、细、高）
体型	小	大
食物	大鱼、海兽	小鱼、小虾
前肢骨	5根指骨	4根指骨
性格	凶猛	温顺
代表动物	抹香鲸、喙鲸、白暨豚、海豚、江豚等	蓝鲸、长须鲸、座头鲸（大翅鲸）、露脊鲸、灰鲸、小鳁鲸等

南露脊海豚

南露脊海豚是南半球唯一没长背鳍的海豚，身上还有明显的黑白相间的图案，背腹扁平；鳍肢稍内弯、呈白色、后缘具黑色条纹。环绕南极分布，主要出没于温带海域，经常循着洪堡冷洋流游至亚热带纬度区。高度群居性，常上千头组群出游。当高速游动时，它们能做出低角跳跃、跃起胸腹着水、尾拍水面、侧旋等动作。主要以海洋中层鱼类及枪乌贼，特别是灯笼鱼和鱿鱼为食。

大西洋、非洲

露脊鲸

露脊鲸体型肥大短粗，无背鳍，有呈弓状的长嘴巴，鳍肢短宽，背部黑色，腹部色淡。通常单独或2～3头一起游泳，出没于近海湾和岛屿周围，游泳速度很慢，常会跃出海面并用尾巴拍打海面。由于滥捕而濒临绝灭，估计目前北太平洋仅有1000头，北大西洋仅有100头左右。

24

鲸的分布

虎鲸

虎鲸是一种大型齿鲸，性情凶猛，善于攻击猎物，是企鹅、海豹等动物的天敌。有时它们还袭击其他鲸类，甚至大白鲨，可称得上是"海中霸王"。分布于几乎所有的海洋区域，从赤道到极地水域。虎鲸是一种高度社会化的动物，复杂的社会行为、捕猎技巧及声音交流，被认为是虎鲸拥有自己文化的证据。

大西洋、北美洲

座头鲸

座头鲸以其跃出水面的姿势、超长的前鳍肢与复杂的叫声而闻名。因为其前鳍肢极为窄薄且狭长，是鲸类中前鳍肢最长的，几乎达体长的三分之一，所以又被称为"长鳍鲸""巨臂鲸""大翼鲸"等。多成对活动，性情温顺，同伴间眷恋性很强，游泳速度较慢。每年进行有规律的南北洄游：夏季洄游到冷水海域索饵，冬季到温暖海域繁殖，洄游期不进食。

伪虎鲸

伪虎鲸和虎鲸外型类似，体型比虎鲸小，全身的体色均为黑色。伪虎鲸繁殖周期长，妊娠期为15～16个月，繁殖高峰在晚冬到初春，混杂型交配。每年产一胎，一胎产一子。主要出现在暖温至热带远洋海域，红海、地中海等内海也存在。随着季节变换，沿海岸温度的升降，而往南北方向迁移。

布氏中喙鲸
Blainville's beaked whale
Mesoplodon densirostris

赫氏中喙鲸
Hector's beaked whale
Mesoplodon hectori

史氏中喙鲸
Stejneger's beaked whale
Mesoplodon stejnegeri

小中喙鲸（秘鲁中喙鲸）
Pygmy beaked whale
Mesoplodon peruvianus

哈氏中喙鲸
Hubb's beaked whale
Mesoplodon carlhubbsi

热氏中喙鲸
Gervais's beaked whale
Mesoplodon europaeus

谢氏塔喙鲸
Shepherd's beaked whale
Tasmacetus shepherdi

莱氏中喙鲸（长齿中喙鲸）
Layard's beaked whale
Mesoplodon layardii

朗氏印太喙鲸（太平洋印太喙鲸）
Longman's beaked whale
Indopacetus pacificus

阿诺氏槌鲸
Arnoux's beaked whale
Berardius arnuxii

格氏中喙鲸
Gray's beaked whale
Mesoplodon grayi

北瓶鼻鲸
Northern bottlenose whale
Hyperoodon ampullatus

德氏中喙鲸
Deraniyagala's beaked whale
Mesoplodon hotaula

南瓶鼻鲸
Southern bottlenose whale
Hyperoodon planifrons

索氏中喙鲸
Sowerby's beaked whale
Mesoplodon bidens

拜氏槌鲸
Baird's beaked whale
Berardius bairdii

鲁氏中喙鲸
e's beaked whale
oplodon mirus

鲸（ODONTOCETI）

头部向左

一角鲸
Narwhal
Monodon monoceros

灰海豚（里氏海豚）
Risso's dolphin
Grampus griseus

长肢领航鲸
Long-finned pilot w
Globicephala melas

东亚江豚
Narrow-ridged finless porpoise
Neophocaena sunameri

长江江豚（窄脊江豚）
（能性灭绝） Yangtze finless porpoise
Neophocaena asiaeorientalis

安氏中喙鲸
Andrew's beaked whale
Mesoplodon bowdoini

暗色斑纹海豚
Dusky dolphin
Lagenorhynchus obscurus

印太江豚（宽脊江豚）
Indo-Pacific finless porpoise
Neophocaena phocaenoides

瓶鼻海豚（宽吻海豚）
Bottlenose dolphin
Tursiops truncatus

whale dolphin

短肢领航鲸
Short-finned pilot wha
Globicephala macrorhynch

伪虎鲸
False killer whale
Pseudorca crassidens

小虎鲸（侏虎鲸）
Pygmy killer whale
Feresa attenuata

印太瓶鼻海豚
Indo-Pacific bottlenose dolphin
Tursiops aduncus

白喙斑纹海豚
White-beaked dolphin
Lagenorhynchus albirostris

佩氏中喙鲸
Perrin's beaked whale
Mesoplodon perrini

热带点斑原海豚
Pantropical spotted dolphin
Stenella attenuata

虎鲸（逆戟鲸）
Killer whale
Orcinus orca

皮氏斑纹海豚
Peale's dolphin
Lagenorhynchus australis

瓜头鲸
Melon-headed whale
Peponocephala electra

铲齿中喙鲸
Spade-toothed w
Mesoplodon traversi

康氏矮海豚
Commerson's dolphin
Cephalorhynchus commersonii

纹原海豚
iped dolphin
nella coeruleoalba

大西洋点斑原海豚
Atlantic spotted dolphin
Stenella frontalis

白腰拟鼠海豚
Dall's porpoise
Phocoenoides dalli

柯氏喙
Cuvier's b
Ziphius cav

白鲸
Beluga whale
Delphinapterus leucas

银杏齿中喙鲸
Ginkgo-toothed bea
Mesoplodon ginkgodens

抹香鲸
Sperm whale
Physeter macrocephalus

侏儒抹香鲸
Dwarf sperm whale
Kogia sima

特
Tru
Mes

鲸的种类 Cetacea

须鲸（MYSTICETI）
头部向右

加湾鼠海豚（极危）
Vaquita
Phocoena sinus

港湾鼠海豚
Harbour porpoise
Phocoena phocoena

赫氏矮海豚
Hector's dolphin
Cephalorhynchus hectori

棘鳍鼠海豚
Burmeister's porpoise
Phocoena spinipinnis

亚河豚
Amazon river dolphin
Inia geoffrensis

拉河豚
Franciscana
Pontoporia blainvillei

南亚河豚（濒危）
South Asian river dolphin
Platanista gangetica

白暨脈
Baiji
Lipotes ve.

真海豚
Common dolphin
Delphinus delphis

北露脊海豚
Northern right-whale dolphin
Lissodelphis borealis

南露脊
Southern
Lissodelphis

黑眶鼠海豚
Spectacled porpoise
Phocoena dioptrica

中华白海豚（中华驼海豚）
Indo-Pacific humpback dolphin
Sousa chinensis

沙漏斑纹海豚
Hourglass dolphin
Lagenorhynchus cruciger

大西洋驼海豚
Atlantic humpback dolphin
Sousa teuszi

澳洲驼海豚
Australian humpback dolphin
Sousa sahulensis

短吻飞旋原海豚
Clymene dolphin
Stenella clymene

糙齿海豚
Rough-toothed dolp
Steno bredanensis

印度洋驼海豚
Indian Ocean humpback dolphin
Sousa plumbea

土库海豚
Tucuxi
Sotalia fluviatilis

长吻飞旋原海豚
Spinner dolphin
Stenella longirostris

黑矮海豚（智利矮海豚）
Chilean dolphin
Cephalorhynchus eutropia

弗氏海豚（沙捞越海豚）
Fraser's dolphin
Lagenodelphis hosei

大西洋斑纹海豚
Atlantic white-sided dolphin
Lagenorhynchus acutus

太平洋斑纹海豚
Pacific white-sided dolphin
Lagenorhynchus obliquidens

伊河海豚
Irrawaddy dolphin
Orcaella brevirostris

澳洲短吻海豚
Australian snubfin dolphin
Orcaella heinsohni

海氏矮海豚
Heaviside's dolphin
Cephalorhynchus heavisidii

圭亚那海豚
Guiana dolphin
Sotalia guianensis

小抹香鲸
Pygmy sperm whale
Kogia breviceps

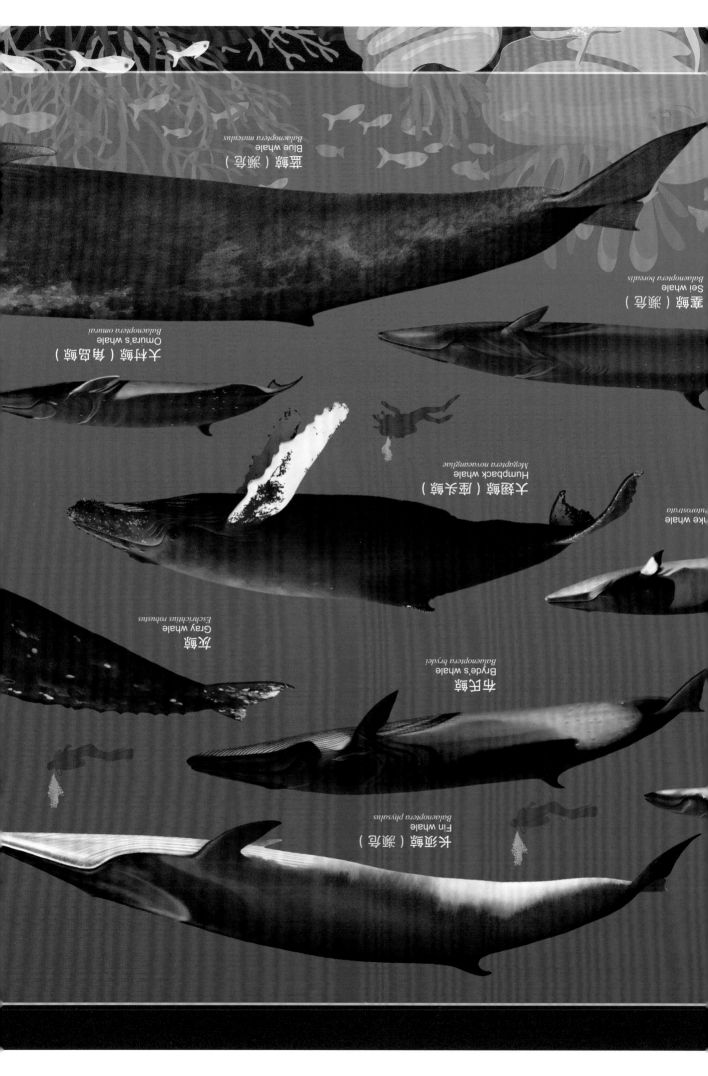

北太平洋露脊鲸（濒危）
North Pacific right whale
Eubalaena japonica

弓头鲸
Bowhead whale
Balaena mysticetus

小
Com
Balae

北大西洋露脊鲸（濒危）
North Atlantic right whale
Eubalaena glacialis

南极小须鲸
Antarctic minke whale
Balaenoptera bonaerensis

小露脊鲸
Pygmy right wh
Caperea marginata

南露脊鲸
Southern right whale
Eubalaena australis

长须鲸

长须鲸的头部约占体长的五分之一至四分之一，体型庞大，是全球第二大的须鲸，仅次于蓝鲸。头部颜色不对称，背鳍小，头上有纵脊，头部后方有灰白色的人字纹，是近距离鉴别的有利特征。

长须鲸分部范围相当广泛，世界各地的主要海洋中都能发现它们的踪影，但主要分布范围是从极地至热带海域，且长须鲸会避开充满浮冰的海域。

北冰洋、欧洲

白鲸

白鲸额头向外隆起且圆滑，嘴喙很短，唇线宽阔。身体颜色非常淡，为独特的白色。白鲸主要栖息于河道入口、峡湾、港湾以及北冰洋常年有光照的温暖浅海，夏季也会出现在河口水域。白鲸游动时通常比较缓慢，喜欢生活在海面或贴近海面的地方，但是潜水能力相当强，对于北极的浮冰环境有很好的适应力。白鲸是群居动物，每年七月，少则几只，多则几万只的白鲸从北极地区出发，开始它们的夏季洄游。洄游目的地大都集中在纬度靠北的地方。

大平洋、大洋洲

抹香鲸

头部巨大，约占身体的三分之一，下颌较小，且仅下颌有牙齿，是体型最大的齿鲸。抹香鲸肠内分泌物的干燥品被称为"龙涎香"，是名贵的香料。抹香鲸广泛分布于全世界不结冰的海域，由赤道一直到两极的不结冰海域都可发现它们的踪迹。

印度洋、亚洲

蓝鲸

蓝鲸被认为是已知的地球上现存体积最大的动物，长可达33米，舌头上能站约50个人，重达181吨，相当于25头非洲象体重之和，或者2000~3000个人的重量总和。蓝鲸的身躯瘦长，背部是青灰色的，不过在水中看起来有时颜色会比较淡。温暖海水与冰冷海水的交汇处，是蓝鲸绝佳的栖息地，冰冷的海水富含浮游生物和磷虾，蓝鲸通常就以它们为食。

长江江豚
在长江生活了

2500 万年

每年种群下降率为

5% ~ 7.3%

预计灭绝时间约为

10 年

目前数量仅

1200 ~ 1500 头

白暨豚

白暨豚是中国特有的一种小型淡水鲸，亦称白鳍豚或中华淡水豚。白暨豚身体呈纺锤形，脐处最粗，背面蓝灰色或灰色，腹部白色，背鳍三角形，位于体中部略后，各鳍皆白色，故名白鳍豚。

这是世界上所有鲸类中数量最为稀少的一种，曾栖息于中国长江。最后有记录的白暨豚目击事件是在 2002 年，现已宣布该物种功能性灭绝。

26

科普小贴士

功能性灭绝

所谓"功能性灭绝"，一般是指：虽然理论上仍不排除有少量活体存在，但残存种群中已经没有能够繁殖的个体，抑或由于数量过于稀少，已低于一种生物存在和繁衍的最低限度，最终灭绝只是时间早晚的问题。

白暨豚标本

（大连自然博物馆藏品）

科普小贴士

过龙兵

据史料记载，古时候就有鲸群在渤海水域出现，鲸群浩浩荡荡地在海面捕食嬉戏，鲸跃出水面溅起的浪花以及呼吸时喷出的水柱能有几米高，景象甚是壮观，被古人称作"过龙兵"。渔民视之为吉利的象征。

不过，随着猎捕量的加大以及渤海水域污染的加重，"过龙兵"已经有半个世纪没有出现了。如今，渤海湾再次出现"过龙兵"的景象，与伏季休渔政策的实施，及渤海生态环境的改善密不可分。

长江江豚

长江江豚俗称"江猪"，于 2018 年 4 月被认定为独立物种，是中国国家一级保护动物。体型较小，头部钝圆，额部隆起稍向前凸起；吻部短而阔，上下颌几乎一样长。全身铅灰色或灰白色，体长一般在 1.2 米左右。

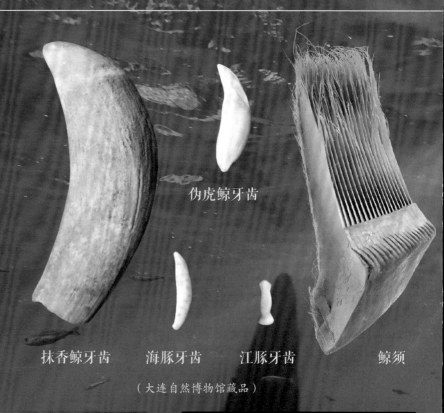

牙齿与鲸须

齿鲸口中有圆锥状牙齿，当遇到大鱼和海兽时，会凶猛地扑上去，用锋利的牙齿将其咬住。须鲸通过鲸须来进行滤食。它首先会张开大口，吞入大量海水，其中就有它赖以生存的浮游生物和小鱼小虾，然后利用舌头和下颌褶皱收缩挤压，减少口腔空间，最后通过鲸须将海水滤出，过滤留下的食物就成为它的美食了。

伪虎鲸牙齿

抹香鲸牙齿　　　　海豚牙齿　　　江豚牙齿　　　　鲸须

（大连自然博物馆藏品）

抹香鲸牙齿雕刻艺术品　　　　　　　　　　须鲸工艺品

抹香鲸上颌无牙齿，仅下颌有 20 ～ 26 对牙齿；白暨豚每个齿列有 31 ～ 36 枚圆锥形的齿；白鲸上、下颌各有 8 ～ 9 枚钉状牙齿；一角鲸上颚长着两颗牙齿，通常左侧牙齿突出，变成长牙；领航鲸上下颌每侧有 7 ～ 9 枚牙齿；虎鲸上、下颚各有 10 ～ 14 对大且尖锐的牙齿；宽吻海豚上、下颌每侧各有大型牙齿 21 ～ 26 枚；瓜头鲸上、下颌每侧各有 20 ～ 26 枚牙齿。

鲸齿用途

作为斐济共和国历史文化的象征，鲸的牙齿经常被送给来访的国宾；鲸的牙齿也是一种原始货币，并曾作为部落首领间交流的重要契物；西方土著武士会在战争中身穿鲸牙片制成的甲胄；用来制作基督教教皇的权杖；在鲸牙或鲸须上进行雕刻，做成工艺品收藏；等等。现如今，根据国际公约，严禁买卖动物制品，上述这些情况逐渐退出历史舞台。

须鲸捕食

齿鲸捕食

鼻孔（喷水孔）

　　"喷泉式"呼吸是鲸特有的呼吸方式。鲸的鼻孔位于头顶。在水下生活期间，鲸紧闭鼻孔，露出水面呼吸时，鼻孔张开，吸入空气。鲸凭借肺部的压力和肌肉的收缩，喷出水柱并发出一阵汽笛般的叫声。

　　须鲸有两个鼻孔，呼吸时会喷出两道又细又高的"喷泉"，垂直向上；齿鲸只有一个鼻孔，呼吸时会喷出一道又粗又矮的"喷泉"，向某一方向倾斜。

蓝鲸（须鲸）

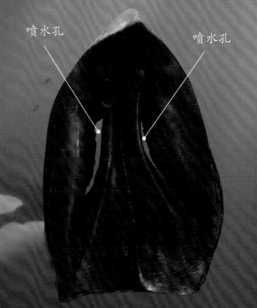

喷水孔　　　　喷水孔

须鲸气孔标本

抹香鲸（齿鲸）

29

气孔闭合

气孔打开

齿鲸气孔

定位方式

须鲸拥有发达的嗅球，它们利用嗅觉追捕猎物；齿鲸的听觉更为发达，通过回声定位系统——声呐，来侦测猎物和辨别方向。

齿鲸鼻孔前方的皮肤下面有一个特殊的瓣膜结构，被称为"声唇"，类似人类的声带，空气通过时可产生振动并发出声波。

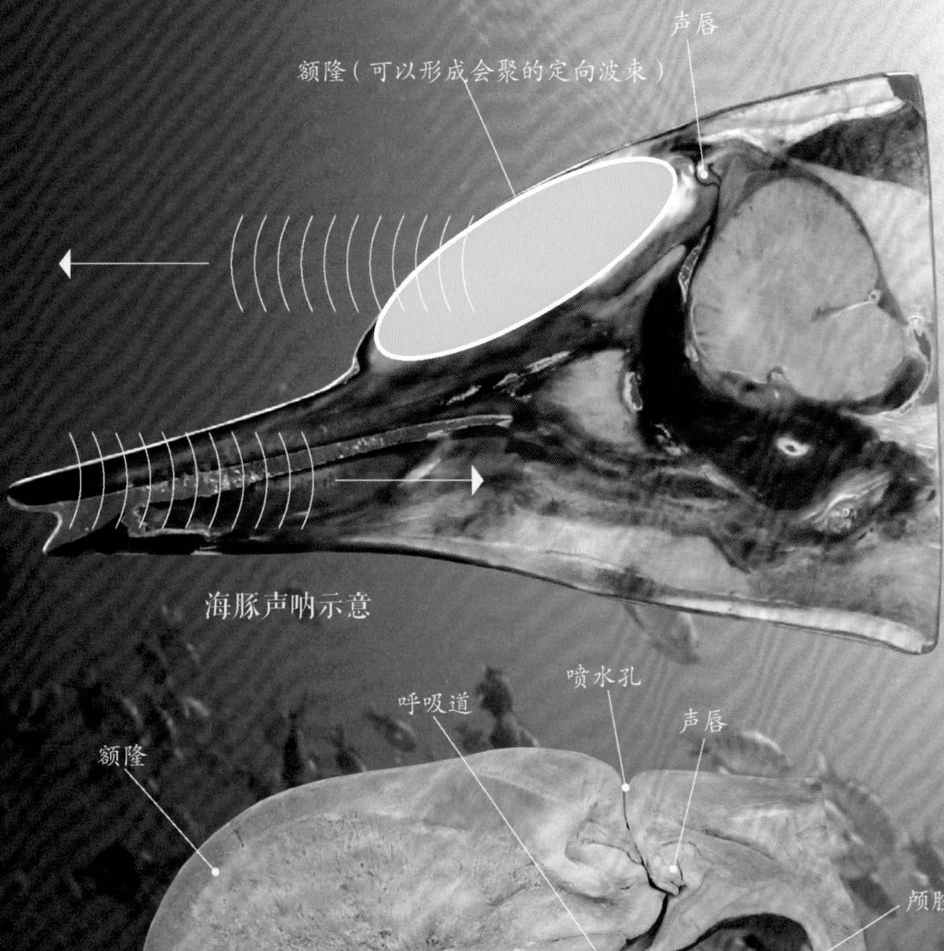

声唇

额隆（可以形成会聚的定向波来）

海豚声呐示意

呼吸道

喷水孔

声唇

额隆

颅腔

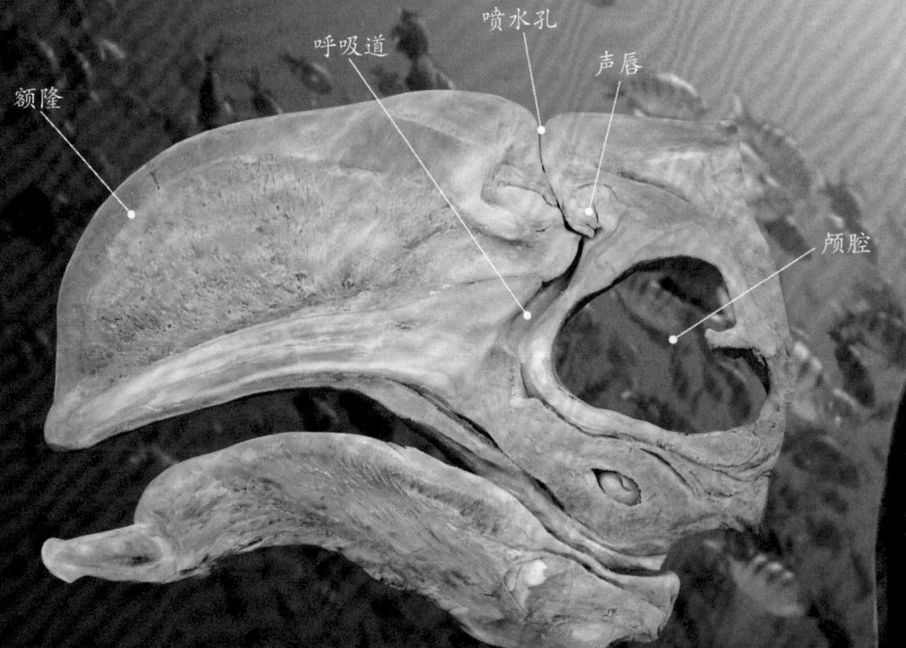

白鲸头部正中矢状切片

齿鲸额部明显隆起处称为"额隆"，可以聚焦放大声波和调节方向，当齿鲸对前方某个区域特别关注时，会聚拢声波，向这一区域发射，遇到障碍物，声波会反弹回来，通过下颌的骨骼组织，将分散的声波集中传送至位于下颌后部的耳朵，从而感知声波。齿鲸通过感知回声的强弱，判断前方障碍物的远近、大小，从而保证在水中航行、觅食的安全，及时躲避危险。

根据齿鲸的声呐原理，人类发明了声呐探测仪、多波束探测仪、地层剖面仪、探鱼仪等设备，广泛应用于现代仿生学领域，在水下导航、反潜艇侦察、鱼群监测、海洋测绘、海流流速测量等方面发挥着重要作用。

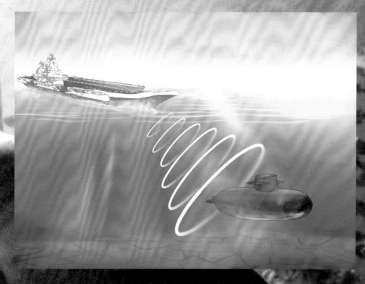

声呐仿生学应用

齿鲸下颌骨较直，前侧长有牙齿，后侧无齿的部分骨壁薄，称为"盘状骨"，冠突不明显；须鲸下颌骨呈弧形，不具牙齿，盘状骨缺失，冠突较明显。

生存智慧

WISDOM OF SURVIVAL

鲸类是地球上最聪明的动物之一。它们拥有比起除人类外的其他大多数动物来说更发达的大脑，也有更为复杂的语言和行为。作为一种社会性群居动物，它们用自己生存的智慧狩猎、繁衍，成为海洋中的主宰。

鲸有多聪明

　　抹香鲸的大脑体积可达到8000立方厘米，人类的大脑体积只有1300立方厘米。虽然通常来说大脑越大，动物越聪明，但这并不意味着鲸要比人类更聪明（虽然在动物界，它们已经很聪明了）。这是因为判断动物聪明与否主要从三个方面考虑：脑自身大小、脑占身体的比重、脑表面沟回的复杂程度。

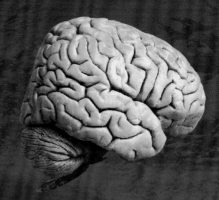

人脑

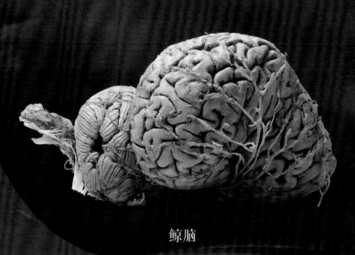

鲸脑

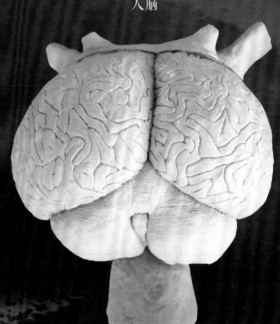

抹香鲸脑（复制品）

33

　　科学家对鲸脑进行了一系列解剖学研究。美国埃默里大学的马里诺在2004年发表论文称，在解剖虎鲸的大脑之后，他们惊奇地发现虎鲸拥有超过其他哺乳动物的超级岛叶皮层，这是一个负责本体感受的大脑功能区域。此外，虎鲸还拥有超级发达的边缘系统，说明它们可以有复杂多变的情绪、行为和长期记忆能力。

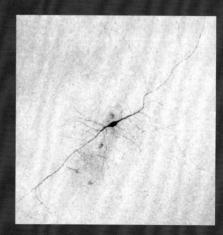

纺锤体神经元

它们是如何靠

捕食

捕食的智慧

鲸聪明的大脑也决定了它能够在生活中运用更多的技巧。鲸的捕食方法很有趣，在诸多的捕食技能中，要数气泡网捕食法最高明了。当鲸发现猎物群时，会制造出许多大小不等的气泡，形成一个网状的气泡墙，把猎物团团包围起来。这时，鲸会从下往上将猎物一网打尽。

座头鲸捕食

座头鲸捕食方法多种多样，包括冲刺式捕食法、陷阱捕食法、气泡网捕食法以及最为有效的气泡网结合前鳍肢驱赶捕食法。

气泡网结合前鳍肢驱赶捕食法

座头鲸呼出气泡，形成网状（气泡网）围住鱼群后，会采取垂直驱赶和水平驱赶两种方式进行捕食。

垂直驱赶

前鳍肢竖起呈"V"字形，利用前鳍肢白色面的反光效果，将鱼群赶入口中。此种方式多在有光照的条件下采用。

水平驱赶

扇动左侧前鳍肢，在水面上下做正弦运动（即沿顺时针方向运动），最终将鱼群赶入口中。

绘图：孙诗竹

慧捕食的？

虎鲸猎捕海豹

　　虎鲸的捕猎技术是动物中最复杂的，也是协调性最强的，合作捕猎的复杂性超出人类想象。而且虎鲸可以族群世代传递这些复杂的团队合作技巧，一队母系社会的虎鲸群通常会把捕猎技术操练几十年，直到毫不出错。

　　在虎鲸的集体捕猎行为中，最让人叹为观止的就是捕食海豹了。虎鲸捕食在冰面上休息的海豹的行为，被我们称作"浪中捕猎"行动：几头虎鲸聚集在一起，排成整齐的一排，反复制造海浪冲击浮冰，逐渐将大块浮冰击碎成更小的碎块，直至将海豹赶入海中；海豹被赶到海浪中后，虎鲸立即开始猎杀，会在海豹到达海岸或另一块大浮冰前捕获猎物。在这个过程中，虎鲸还会随时调整身体角度，以避免搁浅。虎鲸们还会分工合作，有的虎鲸负责吐出气泡，使得水变得浑浊不清，掩护其他的虎鲸对落入水中的海豹进行攻击。

第一步 ●●●●●●●●●●●●●

侦察鲸撞冰

第二步 ●●●●●●●●●●●●●

侦察鲸　　　　　捕食鲸

侦察并制造海浪冲击浮冰，将海豹赶入海中

第三步 ●●●●●●●●●

捕食鲸

第四步 ●●●●●●●●●●●

捕食鲸

鲸的语言

　　人类可以听到的声音频率范围是 20 赫兹到 20 000 赫兹；而鲸类能够听到的声音频率范围可以高达 160 000 赫兹，也可以低至 14 赫兹。它们灵敏的听觉，再加上声音在水中的传播速度比在陆地上的更快、更远，让鲸类可以与几百公里外的同类进行交流。

鲸歌频谱图

歌声

鲸类是动物王国里声音最嘹亮的动物。蓝鲸可以高亢地"歌唱"出180分贝的声音。白鲸是鲸类王国中最优秀的"口技"专家，能发出几百种声音。

交流

科学家发现，海豚在它们"豚生"的很早期就可以创造出属于每一头海豚自己的独特的声音了，它们可以利用这些独特的声音来辨认彼此。就像我们在打电话时，一听声音就可以辨认电话的那一头是不是自己熟悉的人。海豚们也利用自己独特的哨声标志自己的身份，就像它们自己独有的名字一样。据科学家的观察，海豚在聊天时会出现不在场的同伴的名字，据推测，它们应该是在说不在场的海豚的"八卦"。

而鲸类在进行合作捕食、繁殖等复杂的社会行为时，会用声音进行更复杂的交流。实验发现，鲸类甚至可以学习人类的手语，并通过哨声来与手语进行交流。宽吻海豚可以理解很多单词，并表达基本的句子，如："用你的尾巴碰触飞盘并从上面跳过去"等。

鲸类的语言复杂到拥有属于自己族群独特的方言。当不同的群体操着相似的语言，它们相遇后就会互相通报情况，如果"话不投机"，它们就会"吵架"，甚至"讥讽"。科学家已经分析出类似人类语言的讥讽语言，甚至很多类似人类的脏话都常常出现在虎鲸之间。特别是年轻的虎鲸，如果合作不到位，导致捕猎失败，技术娴熟的虎鲸满嘴都会是对年轻虎鲸的谩骂和抱怨。虎鲸的声音可以传达百里，所以协调捕猎的时候满大海都是虎鲸的命令声。

洄游

鲸大概是地球上洄游距离最长的动物。它们会游动几个月，穿越上万公里，由北向南游过半个地球进行繁殖。

38

鲸的洄游

北太平洋和北大西洋的座头鲸经常用它们复杂的气泡网捕食鲱鱼。

据悉，座头鲸会在 39 天内从阿拉斯加洄游 3000 英里①到夏威夷。

欧

北美洲

非洲

南美洲

最长的连续洄游路线是东北线，长达 5160 英里。

一头座头鲸创下了从巴西到马达加斯加长达 6089 英里的迁徙记录。

座头鲸的洄游之旅

座头鲸在世界上所有的海洋和南北半球都有被发现，每个种群都有自己传统的觅食和繁殖地，以及惯常的洄游路线。

南方群体会迁移到南极的进食区，因为寒冷的海水中营养丰富。

南极洲

① 1 英里 =1609.344 米。

巨鲸传奇
LEGEND OF THE GREAT WHALE

鲸身上的"牛皮癣"

鲸身上有很多附着物，虽然脆弱，但繁殖能力超强，看起来让人触目惊心，它们就是寄生在鲸身上的"牛皮癣"——藤壶。

藤壶会分泌一种高黏度的液体，将自己和鲸的皮肤牢牢绑定在一起。藤壶最喜欢在鲸的一些重要部位繁殖，比如头部、鼻孔、眼睛周围甚至生殖器等处。如果不能及时清除它们，鲸的身体很快就会被它们侵占。这时，鲸会感到无比"瘙痒"，它们会疯狂地用身子去拍打海面来缓解这种痛苦。在海洋中"称王称霸"的鲸，在面对小小藤壶的时候，却显得如此"脆弱不堪"。

明明在寒冷地带也可以生活得很好，为什么要不远万里来到热带产子呢？因为鲸和人类很像，它们的表皮会不断地脱落。在寒冷的南极洲水域中，鲸的皮肤表面常常会覆盖一层微小的硅藻形成的黄色薄膜。这表明，它们在寒冷水域中没有进行正常蜕皮以及自我清洁的能力。所以人们推测，高纬度地区的鲸类洄游到热带很有可能是为了"护肤"，而后才有了繁殖的目的。

鲸在洄游过程中会产生大量的粪便，但这对于其他的海洋生物来说却是丰盛的美味。

根据研究表明，一头成年蓝鲸一天消耗 2～5 吨的食物，同时也排出大量粪便，随着蓝鲸一同漂游。在蓝鲸周围 50 米范围内，几乎都是其排泄物，一片浑浊，漫无边际。

当然，这些排泄物并不是一无是处，毕竟蓝鲸所吃下的食物并不是可以完全消化的，吃得那么多，消化系统又不是非常发达，所以排泄物中有大量未经消化的食物，成了食物残渣。一些"虾兵蟹将"或者是体态小一点的鱼类如果跟在蓝鲸身后，就可以饱餐一顿。

座头鲸有十多个不同的种群。

阿拉伯海的鲸群是唯一不洄游的座头鲸群。

亚洲

大多数座头鲸不会穿越赤道。

大洋洲

南太平洋的座头鲸有灰色和白色的斑纹。

座头鲸的"歌声"在海洋中广泛传播。鸣声方言的相似性表明，在一些分布广泛的越冬种群中存在着声音变异。

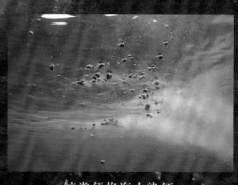

鲸粪便将海水染红

鲸类的特殊行为

与人类相似的家庭单位和择偶标准

鲸类往往以小家庭为单位共同生活。海豚往往以家庭为单位小范围群居在一起。江豚的家庭由6～12个成员组成。其他海豚，有的夫妻俩共同生活，有的三五成群，但也有少数落单的情况。虎鲸是母系社会，一个母亲所生的孩子会和祖辈在一起捕食、嬉戏。它们每个家庭都有属于自己的方言，说着同一方言的一群虎鲸就是有着血缘关系的一家子。

但是，这并不意味着它们只能在自己家庭里面找兄弟姐妹进行近亲繁殖。鲸类与人类一样，有着非近亲繁殖的择偶标准。到了交配的季节，虎鲸们就会开始寻找操着不同方言的其他虎鲸作为自己的伴侣，创建一个新的家庭。

瓜头鲸宝宝和妈妈走散
遇到一只瓶鼻海豚
组成新家庭

"跃身击浪"

有的鲸类经常会抬起头离开水面，身体跃起腾入空中，然后再落回水中，激起一片浪花。尤其是海豚，因喜欢群栖，往往会三五成群跃出水面，形态矫健优美，在阳光下闪闪发光，场面极其壮观。

"鲸尾击浪"

当鲸类大部分躯体刚好浮在水面之下时，经常会用其尾部猛烈拍打水面，形成阵阵浪花。

复杂的娱乐活动

也许你已经在电视上或者在水族馆中看见过可爱的海豚或者白鲸吐着气泡圆环,围绕着气泡圆环玩耍的样子了。也许你会惊讶,不知道驯兽师是怎样将这些可爱的鲸类训练得如此厉害。但实际上,这是它们本来就会的技能。虽然有时候它们在捕食时也会吐气泡圈来驱赶自己的猎物,但作为海洋中的智慧生物,它们也是需要制造玩具好好犒赏一下自己,为生活增添乐趣的。许多鲸类都会在水中吐气泡圈来玩耍,仔细观察着自己的杰作,或追赶着自己的气泡圈娱乐。

41

使用工具

早在 1984 年,科学家们就观察到了宽吻海豚使用工具的情景。这些宽吻海豚在海床间寻找食物时,会将海绵撕碎围绕在嘴边。人们认为它们这样做很有可能是想给自己的嘴巴做一个保护层,防止在海床间探索和挖掘时摩擦受伤。

宽吻海豚用海绵包裹住嘴巴

白鲸吐气泡圈玩耍

前世
WHALE'S LIFE
鲸生

数十亿年前，地球上的生命就在海洋中诞生了。后来植物和动物征服了陆地，包括鲸的祖先，当时也是生活在陆地、靠四肢行走的哺乳动物，称古偶蹄兽，后逐渐演化为古鲸亚目，是最早出现的鲸类。 大约5000万年前，为了获得更多资源，保证种族延续，鲸的祖先重新返回海洋，渐趋水生化，身体结构也发生相应改变。

鲸的演化阶段：古偶蹄兽—巴基鲸—陆行鲸（走鲸）—原鲸—龙王鲸和矛齿鲸—现代鲸（齿鲸和须鲸）。

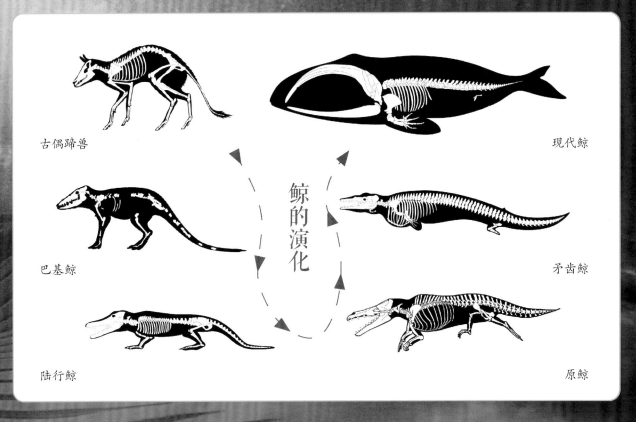

古偶蹄兽

巴基鲸

陆行鲸

鲸的演化

现代鲸

矛齿鲸

原鲸

43

　　1978年，美国密歇根大学的古生物学家菲利普·D.金格里奇（Philip D. Gingerich）在巴基斯坦发现了一具生活在5000万年前的陆生鲸化石，并将其命名为"巴基鲸"；1994年，金格里奇的学生西威森（J.G.M. Thewissen）所领导的考古小组在巴基斯坦北部发现了一具距今4500万年的古鲸化石，并将其命名为"陆行鲸"；德国古生物学家埃伯哈德·弗拉士（Eberhard Fraas）在埃及考古遗址中发掘出一具4500万年前的鲸化石，研究发现，其生活习性更倾向于水栖，这就是"原鲸"。

　　2001年9月，金格里奇和西威森同时分别在《自然》（Nature）和《科学》（Science）上宣布又发现了新的古鲸化石，与先前发掘出的带腿古鲸化石一样，后肢都有具双滑车关节面的距骨，这就有力地证明了鲸本身就是偶蹄类，并根据大量化石记录，确定了鲸的祖先是"古偶蹄兽"；考古学家在北美洲和埃及发现了大量生活在3800万年前的"矛齿鲸"化石，研究证实，矛齿鲸是现代鲸类（齿鲸和须鲸）的直系祖先。

鲸与陆地偶蹄动物是近亲

　　鲸类动物的前鳍肢、胃和肾脏结构与陆地哺乳动物极其相似，以及其退化的后肢骨，这些都表明了其祖先曾在陆地上生活，是用四肢行走的哺乳动物，经过几亿年的进化，最终形成我们现在所熟知的鲸。

后肢的演化

在百万年的时间里，鲸为了适应水中的生活，带四肢的典型骨架发生了显著的改变。后肢的退化可以使鲸的身体更为接近流线型，减小游动时的阻力，最终只残留一小段的后肢骨。像这种在动物体上尚残存一种或数种对个体的生存无明显功能的器官，在比较解剖学中被称为"痕迹器官"。

44

鳁鲸后肢骨

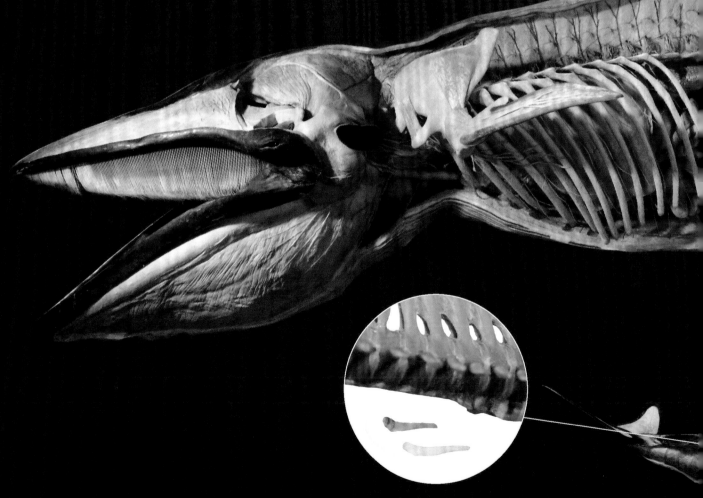

海豚后肢骨

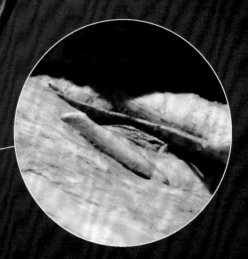

鳁鲸后肢骨（原位）

小须鲸解剖标本

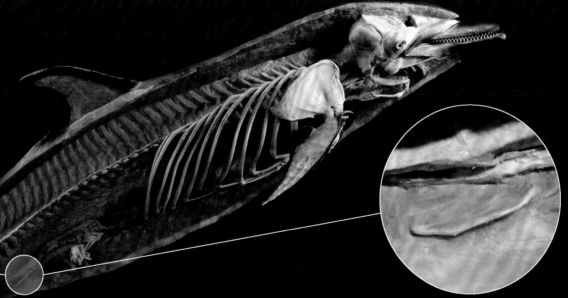

海豚解剖标本　　　　　　　海豚后肢骨（原位）

"巨鲸传奇"展览现场 摄影：马成军

江豚解剖标本

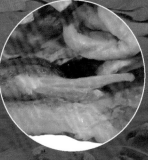

江豚后肢骨（原位）

江豚后肢骨

白鲸解剖标本

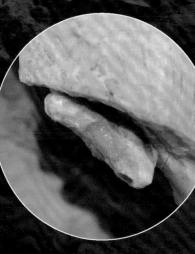

白鲸后肢骨（原位）

抹香鲸后肢骨（原位）

48

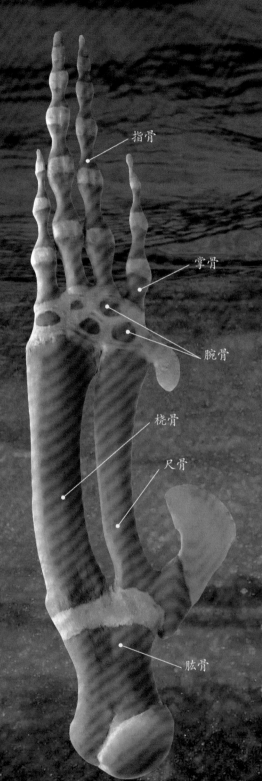

指骨

掌骨

腕骨

桡骨

尺骨

肱骨

鲸前鳍肢（小鳁鲸）

前肢的演化

大量古生物化石的发现，证明了鲸的祖先曾是四肢发达的陆生动物，返回海洋后，为了能够适应海洋的生活，以前在陆地上行走的前肢演变成鱼鳍的形状用来划水，但是内部结构同其他脊椎动物的前肢类似，都是由肱骨、前臂骨（桡骨、尺骨）、腕骨、掌骨和指骨组成。

同源器官：这种内部结构和各部分的关联顺序，以及胚胎发育过程彼此相同，但功能和形状不同的器官，在比较解剖学上被称为"同源器官"。这表明它们具有相同的进化来源，有着共同的祖先，随着生活环境的变换，这些结构的形态向着不同的方向发展，适应于不同的功能，因而出现了形态和功能上的差异。

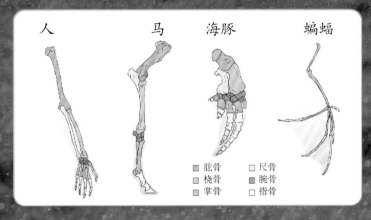

| 人 | 马 | 海豚 | 蝙蝠 |

■ 肱骨　　□ 尺骨
■ 桡骨　　■ 腕骨
■ 掌骨　　□ 指骨

用于操作的人的上肢、用于奔跑的马的前肢、用于划水的海豚的前鳍肢、用于飞翔的蝙蝠的翼，虽然功能不同，但内部结构及组织来源基本一致，因此属于同源器官。

肾的比较

肾脏是生物体排出体内代谢废物的一个重要通道，维持着生命体的正常生理活动。鲸和陆地动物牛的肾脏有相似之处，这为鲸的祖先是来自陆地的偶蹄动物提供了进一步的证据。

牛肾脏标本

猪肾脏标本

鲸类肾脏标本

鲸的肾脏在进化过程中发生了巨大的变化，在鲸体内类似葡萄状结构的鲸肾属于复合肾，由许多肾叶所构成，每一个肾叶可以单独履行一个肾脏的功能，能够高效地将盐分排出体外。

牛的肾为有沟多乳头肾，属于单肾。表面被很多沟分割成若干肾叶，外形与鲸肾有相似之处。

猪肾为光滑单乳头肾，表面光滑。

胃的比较

从形态上看，鲸的胃与陆地上反刍动物的胃极为相似，都有四个腔室，为鲸与陆地偶蹄动物有共同的祖先提供了进一步的证据。

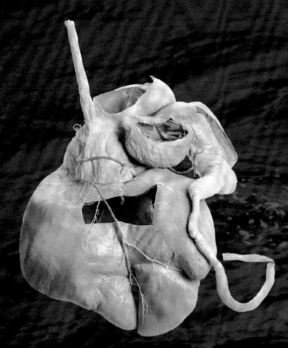

鲸胃

鹿胃

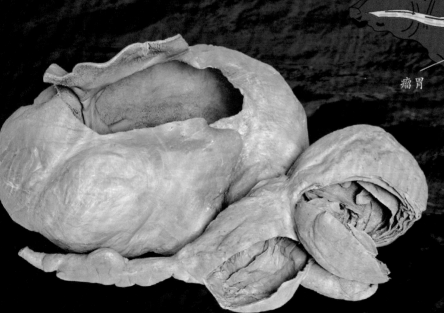

瓣胃

网胃   皱胃   盲肠

瘤胃

牛胃模式图

牛胃

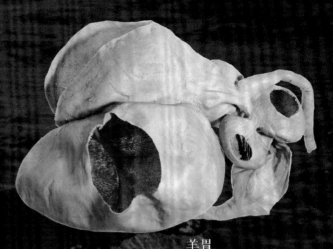

羊胃

科普小贴士

偶蹄动物与反刍动物

偶蹄目是现存哺乳动物最繁盛的家族之一，趾甲特化为鞘状的角质蹄，每足的蹄甲数为偶数，因而得名。大多数偶蹄动物的第一、第二、第五趾退化或消失，第三、第四趾同等发育；胃多为复室，盲肠短小。

反刍动物是偶蹄目的一个亚目，具有反刍这种特殊的消化方式，如牛、羊、鹿等。

反刍是指动物在进食一段时间以后将在胃中半消化的食物返回嘴里再次咀嚼。

牛蹄

鹿蹄

羊蹄

巨鲸落 万物生

THE GIANT WHALE FALLS ALL CREATURES LIVE

鲸落

听起来唯美浪漫

实际却是一个相当悲壮的过程

鲸将要死亡的时候

会悄悄寻一片深海

孤独地走向生命的尽头

虽然死亡是它的终点

但却给这个资源匮乏的深海

增添了希望和生机

……

巨鲸陨落，缓慢沉入海底，会成为深海生命的绿洲，维持着无数海洋生物的生存，为整套生态系统提供了可长达百年的供给。当鲸落中的有机物质被消散殆尽，遗骸就会成为礁岩，为底栖生物提供庇护场所。

鲸落示意图

　　鲸死亡后坠落海底的过程以及形成的海洋生态系统等，被生物学界统称为"鲸落"。此处的"落"不仅仅是动词，也是名词，既是指逝去的鲸缓缓沉入海底、不断被分解消耗的过程，也是指如村落般繁衍栖息之处。

中国科学家在南海首次发现鲸落

　　2020年4月2日下午，中国科学院"探索一号"科考船搭载"深海勇士"号载人潜水器完成2020年度第一个科考航次（TS16航次）后，返回三亚。60名科考队员带回了本航次一个重要成果——在南海1600米深处发现了鲸落。这是我国科学家第一次发现该类型的生态系统，对于我国深海科学研究有重要意义。

鲸落生态系统可分为四个演化阶段

一、移动清道夫阶段（mobile-scavenger stage）

在鲸尸下沉至海底的过程中，盲鳗、鲨鱼、一些甲壳类生物等以鲸尸中的柔软组织为食。这一过程可以持续 4 ~ 24 个月（取决于鲸的个体大小）。其间 90% 的鲸尸将被分解。

二、机会主义者阶段（enrichment opportunist stage）

机会主义者能够在短期内适应相应环境并快速繁殖。在这个阶段，一些无脊椎动物，特别是多毛类和甲壳类动物，能够以鲸遗骸作为栖居环境，同时啃食残余鲸尸，不断改变它们自己的所在环境。

三、化能自养阶段（sulphophilic stage）

大量厌氧细菌分解鲸骨和其他组织中的脂类，产生硫化氢。化能自养细菌则将这些硫化氢作为能量的来源，利用溶解于水中的氧将其氧化，获得能量。而与化能自养细菌共生的生物也因此有了能量补充。

四、礁岩阶段（reef stage）

当残余鲸落当中的有机物质被消耗殆尽后，鲸骨的矿物遗骸就会作为礁岩成为生物们的聚居地。

鲸对生物圈平衡的意义

提高海洋生产率

大型鲸数量的增加对保持海洋环境健康十分重要。须鲸和抹香鲸数量的回弹有助于强健全球海洋生物网，鲸也会为鳞虾和其他位于食物网底端的生物提供营养盐。

海洋的营养盐均匀分布

鲸能够使整个海洋的营养盐均衡分布。研究人员通过对比历史和当前鲸种群数据，进行分析后得出结论：鲸数量回升将增加某些亚热带水域浮游植物的产量，使其生产率比目前高15%。

为深海生态系统提供丰富有机物

深海中没有阳光，因此细菌及其他生物无法通过光合作用汲取能量，只能通过摄取化学能或摄食海洋动物的遗骸来获取能量。鲸庞大的身体为深海生物提供了一个可长时间使用的"能量岛"。一头40吨重的灰鲸死后为海底生态群落提供的碳，相当于正常岩屑和营养循环2000多年的产量。

鲸奇历程

MIRACLE WHALE HISTORY

　　长达 14.88 米、重约 40 吨的抹香鲸"洋洋"，不仅是世界上第一只被塑化的抹香鲸，而且是目前世界上最大的生物塑化标本，体现了当今生物标本塑化保存的最高水准，也充分展示了"中国创造""中国智慧"的强大力量！"洋洋"的重生可谓历经千辛万苦，创造了无数个传奇故事。

1 巨鲸搁浅　2016 年 2 月 14 日

2016 年 2 月 14 日，江苏省南通市洋口港海滩先后发现两头搁浅的抹香鲸，并就发现地为其取名为"沙沙"和"洋洋"。经专家研究，抹香鲸"洋洋"由生命奥秘博物馆采用世界最先进的生物塑化技术制作成塑化标本，预计需要五年的时间，这是世界上首次通过生物塑化技术保存这一庞然大物。

扫码观看
"巨鲸搁浅"

2 排气防爆　2016 年 2 月 17 日

为防止"鲸爆"发生，专家爬上巨鲸湿滑而庞大的身躯，克服种种困难，将排气管插入鲸腹进行排气。

扫码观看
"排气防爆"

科普小贴士

鲸爆

鲸爆是指死亡的鲸因身体内部蓄积过多腐败气体而造成身躯爆裂。鲸生前吃了很多食物，消化后会产生甲烷、氢硫化物以及氨等气体；鲸死后，内部组织与器官腐败的速度越快，细菌扩散的速度也就越快，身体的蛋白质分解，产生更多气体，会增加腹部与肠道的压力。若处置不当，极可能发生爆炸。

历史上的鲸爆

台湾台南市抹香鲸鲸爆事件

2004 年 1 月 24 日，一头身长 17 米、体重 50 吨的雄性抹香鲸于台湾云林县台西乡海岸搁浅而死。

1 月 26 日，在运送的路途中，呈现半腐败状态的鲸尸在台南市中心西门路小北夜市附近自体爆裂。其爆裂场面非常惨烈，周围的商店、目击者及车辆无一幸免，全被鲸鱼的鲜血、内脏击中，恶臭四溢。也因为鲸鱼已爆裂，学者不得不放弃后续解剖计划。市政府闻讯也紧急派出清洁队持续消毒收拾善后。

抹香鲸排气

57

3 鲸腹作业 2016 年 2 月 18 日

取内脏

解剖鲸被称为世界上最艰苦的工作之一，而为了防止巨鲸"洋洋"腐败，专家们全副武装进入鲸腹，经过一夜 12 个小时不间断地作业，终于将抹香鲸体内重达 10 吨的内脏全部取出。

抹香鲸腹内解剖

"打吊瓶"

在工具不全、环境恶劣、安全保护差的种种不利条件下，生命奥秘博物馆的制作专家在现场制作吊桶，为巨鲸进行防腐处理，防腐液用量接近 5 吨。

4 包装起运 2016 年 2 月 25 日

现场由内至外分别用棉布、海绵、棉被、帆布、塑料等物品对抹香鲸进行层层包裹，并且每层都添加了防腐剂，真正做到 360 度无死角密封。"洋洋"身披 5 件"外衣"，乘坐一辆 17 米长的专用平板货车，全程高速驶向大连。

扫码观看
"包装起运"

吊至货车上

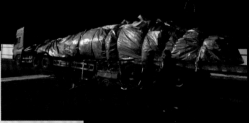

包装完成 准备出发

扫码观看
"打吊瓶"

抵达大连鸿峰生物科技有限公司

 抵达大连　2016 年 2 月 27 日

　　陆路运输，纵贯江苏、河北、天津、辽宁等地，马不停蹄地行驶1850公里，用时36小时30分钟后，终于安全抵达大连鸿峰生物科技有限公司。3辆吊车经过3个多小时的共同协作，才将"洋洋"落地。而"洋洋"将会在这里获得"重生"，一起见证人类历史在生物标本制作上的壮举。

扫码观看
"抵达大连"

6 探寻死因　2016 年 3 月 9 日

在解剖过程中，专家在抹香鲸空空如也的胃里发现了一张皱成一团的尼龙材质的黑色渔网，说明抹香鲸死前处于饥饿状态。目前，对于抹香鲸的死因仍没有确切的结论，但这张抹香鲸胃内发现的渔网再次说明，人类的经济活动已经对大自然产生了巨大的影响。

60

7 塑化制作　2016 年 3 月起

面对人类历史上首次塑化如此庞然大物，专家们带着既兴奋又忐忑的心情研讨、制定制作方案，并在极其恶劣的工作环境中克服种种困难，边制作边探索，自制工具，反复研究，最终获得了史无前例的成就！

世界上最艰苦和最恶心的工作之一——解剖鲸

8 当前状况 *2020 年 6 月*

数字见证奇迹

参与制作专家团队 **50** 余人　　累计工时 **25.5** 万小时

硅胶 **40** 吨　　钢材 **5** 吨　　消耗丙酮 **360** 吨

总耗资 **1260** 余万元

焊条 **5766** 根　　结构定位针 **50 130** 根

切割片 **1451** 片

自制专用解剖道具 **80** 柄　　工装 **395** 套　　工作鞋 **224** 双

一次性手套 **13 562** 付　　密封胶 **6988** 管

一次性手术刀片 **198 818** 片　　防毒面具及口罩 **745** 个

扫码观看
"塑化制作"

本次标本制作申请了 4 项发明专利，分别为：

同体拆分制作四件套标本的方法

无骨骼肌肉标本的制作方法

大型脊椎动物塑化标本内支撑架体及其制作方法

同体脊椎动物拆分为两件左右互补的独立标本的制作方法

完工后抹香鲸"洋洋"塑化标本将申请 2 项世界纪录：

世界上第一头被塑化保存的抹香鲸
世界上最大的塑化标本

制作抹香鲸标本是创造荣誉的传奇旅程

截至 2020 年 6 月，"洋洋"的整体制作基本完成

预计全部工作将在 2021 年完成

……

主要工作人员合影

海洋保护
PROTECT OCEAN

广阔无垠的海洋中生活着无数可爱的生命，对于它们来说，大海就是它们赖以生存的家园。如今，这个家园因人类的频繁活动，正面临着资源严重枯竭、生态环境急剧恶化。对海洋环境的保护，已经到了势在必行的程度，保护海洋，需要我们做的还有很多……

鲸与生态的关系

科学家观察发现，鲸的排泄物为海洋浮游生物和微生物提供了充足的营养，也为小型鱼类提供了食物，待这些鱼类长大后，又成为鲸及其他大型鱼类的食物，从而形成一个动态平衡。鲸通过捕食、排便、洄游以及鲸落等方式调节着海洋系统，因此有"海洋生态系统工程师"的美誉。

人类的影响

由于经济价值高，因此全球每年有大约2万头鲸被捕杀，鲸的数量急剧减少，大型鲸类几乎都遭遇了生存危机。与此同时，人类的各种活动也严重影响了鲸类的生存，污水杂物的乱排乱弃、石油泄漏和井喷事故、二氧化碳的大量排放、频繁的海上作业等，都严重扰乱了生态系统的平衡，海洋生物物种和栖息地正面临严重恶化的趋势。

被船舶发动机螺旋桨击伤的座头鲸

日本"海豚湾"事件

每年9月1日猎杀季开始后，日本南部渔村太地町就会举行名为"杀海豚节"的庆祝活动。在随后的6个月中，太地町的渔民将屠杀2300多头海豚，海豚的鲜血几乎将湾内的海水染红。渔民们在水下大力敲击金属棒，破坏海豚的声呐系统，精疲力尽的海豚被渔民驱赶到太极湾内一个石头凹口中后，渔民用网拦住入口处。海豚被困住一晚后，第二天黎明，当地渔民利用刀和长矛开始屠杀海豚。

合理有限无痛猎杀海豚，原本是可以接受的，但海豚湾围猎并非如此。获捕的海豚，有一部分被用于食用，推入市场销售，但更多的会卖给各国水族馆用作表演，在那里，它们的命运将更加凄惨。

海豚在海中每天能游40英里，可以自由地嬉戏、捕食，可当它们被带到水族馆，它们所有的活动范围就是那个混凝土铸成的大池子，对海豚来说，实际上是种囚禁。在水族馆里表演的它们，虽然得到了全场观众热情的鼓掌和欢呼，但这些尖叫与噪声，对于对声音极为敏感的海豚们来说，无疑是种灾难。

鲸自杀

经常有报道称，海边出现鲸集体死亡的现象，仿佛鲸在"集体自杀"！究其原因，专家们众说纷纭，但大多认为与它的回声定位系统受到干扰有关：由于环境污染、地震、水下爆炸、声呐的噪声等，可能引起鲸回声信号不准确，从而导致鲸集体搁浅死亡。

鲸家族的现状

座头鲸

在北太平洋的种群约有 6000 头，北大西洋的种群约有 10 400 头。

露脊鲸

在北太平洋估计仅有 1000 头，北大西洋仅有 100 头左右

抹香鲸

被列入 2012 年濒危物种红色名录 ver 3.1——易危（VU）。

蓝 鲸

被列入 2012 年濒危物种红色名录 ver 3.1——濒危（EN）。

白 鲸

目前仅剩 50 000 ～ 60 000 头。

虎 鲸

在南极海域估计有 70 000 头，在太平洋东部热带海域约有 8500 头，在阿拉斯加水域至少有 850 头，日本外海可能达 2000 头以上。

中华白海豚

种群呈下降趋势，被列入《中国物种红色名录》，濒危（EN）。

白暨豚

目前已经宣布功能性灭绝。

鲸脑油

抹香鲸的英文名是 sperm whale。以前人们发现它的头内有一个巨大的空腔，里面存在很多白色黏稠的物质，以为是它的精液 (sperm)。其实，这是鲸脑油，是一种极其罕见而珍贵的油脂。一头成年抹香鲸的大脑袋里，含有的脑油可以高达 1000 升以上。

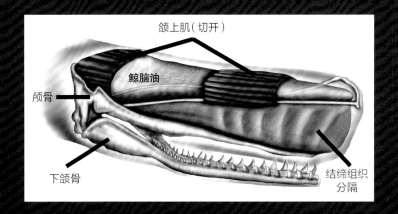

颌上肌（切开）

鲸脑油

颅骨

下颌骨

结缔组织分隔

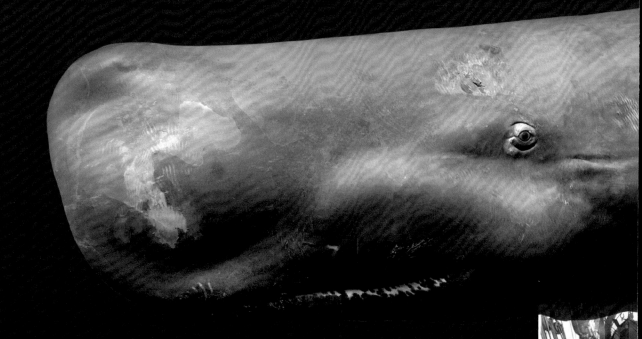

鲸脑油的价值

抹香鲸脑油在第一次工业革命前就起到了重要的作用：它曾经是照明材料和工业用润滑油，氢化后还可制成食品和肥皂。因此，在石油被大规模利用之前，抹香鲸成为所有鲸类里最具捕猎价值的一种。根据研究，人类在 19 ～ 20 世纪至少杀死了 400 万头鲸，经过疯狂猎杀，鲸的数量急剧减少，大型鲸类几乎都面临着生存危机。

危机和转机

在鲸遭遇危机，油料供应量愈发吃紧，鲸油价格大幅上涨的背景下，民众发觉晚间在油灯下阅览书籍竟然成了一种奢侈的生活。

从石油中提炼煤油用以替代抹香鲸油照明的新行当应运而生。从此，鲸油照明的时代黯然落幕。所以说，石油业的出现让全世界的鲸逃过一劫！

科普小贴士

发光强度

发光强度单位最初是人们通过燃烧用鲸脑油制作的蜡烛来定义的，测定的发光强度单位叫"烛光"。这种蜡烛的直径为 2.2 厘米，质量为 57.7 克，在标准大气压下燃烧 7.78 克 / 小时，火焰高 4.5 厘米，其水平方向的发光强度就是 1 烛光。1948 年第九届国际计量大会上决定采用处于铂凝固点温度的黑体作为发光强度的基准，同时定名为坎德拉，曾一度称为被新烛光。1967 年第十三届国际计量大会又对坎德拉作了更加严密的定义。由于用该定义复现的坎德拉误差较大，因此 1979 年第十六届国际计量大会决定采用现行的新定义，即光源在指定方向的单位立体角内发出的光通量。

龙涎 (xián) 香

抹香鲸除了含有丰富的鲸脑油，肠道还会分泌出高级香料——龙涎香，属于香料中的极品，更是高级香水中不可缺少的"奇香"，抹香鲸因此得名。这种香料在浩瀚的海洋中还是很少能找到，因此特别珍贵。

抹香鲸食物中坚韧的物质不易消化，肠道遇到强刺激后，会产生特殊的蜡状分泌物，来包裹尖锐之物以减轻痛苦。这个无法消化掉的硬物或者被抹香鲸呕吐出去或者被排泄掉，被排出体外的硬物在海水中经过漫长的氧化过程，并遇到海洋中的盐碱而自然皂化，干燥后能发出持久的香气。

保护海洋　守护未来

1946 年，国际捕鲸委员会（The International Whaliay Commission，IWC）诞生了，该组织是一个负责管理捕鲸和保护鲸类的国际性组织。在商业捕鲸导致鲸的数量锐减后，IWC 决定采取行动保护鲸类；1975 年 7 月 1 日，《华盛顿物种保护公约》正式生效；从 1981 年开始禁止进口或出口鲸产品；从 1986 年开始暂时性禁止商业捕鲸；分别于 1979 年和 1994 年建立了印度洋鲸类保护区和南大洋鲸类保护区。

1982 年《中华人民共和国海洋环境保护法》（简称《海洋法》）通过，海洋保护区建设有了明确的法律依据。截至 2017 年，中国海洋保护区面积近 12.4 万平方公里，占中国管辖海域面积的 4.1%。目前，已建立了近百个国家级海洋自然保护区。

人类只是自然的一部分，向自然索取的同时，还要考虑如何回报。"绿水青山就是金山银山！"海洋，这个全人类的共同财富，需要我们共同的保护！

附录：现代鲸种类

一、须鲸（4 科 14 种）

1. 露脊鲸科（共 4 种）：弓头鲸、北大西洋露脊鲸【濒危】、北太平洋露脊鲸【濒危】、南露脊鲸

2. 小露脊鲸科（共 1 种）：小露脊鲸

3. 灰鲸科（共 1 种）：灰鲸

4. 须鲸科（共 8 种）：小须鲸（小鳁鲸）、南极小须鲸、塞鲸（大须鲸）【濒危】、布氏鲸（拟大须鲸）、蓝鲸【濒危】、大村鲸（角岛鲸）、长须鲸【濒危】、大翅鲸（座头鲸）

二、齿鲸（10 科 76 种）

1. 抹香鲸科（共 1 种）：抹香鲸

2. 小抹香鲸科（共 2 种）：小抹香鲸、侏儒抹香鲸

3. 喙鲸科（共 22 种）：阿诺氏槌鲸（阿氏贝喙鲸）、拜氏槌鲸（贝氏喙鲸）、北瓶鼻鲸、南瓶鼻鲸、朗氏中喙鲸（太平洋印太喙鲸）、索氏中喙鲸（苏氏中喙鲸）、安氏中喙鲸、哈氏中喙鲸、热氏中喙鲸（杰氏中喙鲸）、银杏齿中喙鲸、格氏中喙鲸、赫氏中喙鲸（贺氏中喙鲸）、德氏中喙鲸（霍氏中喙鲸）、莱氏中喙鲸（长齿中喙鲸）、特鲁氏中喙鲸（初氏中喙鲸）、佩氏中喙鲸、小中喙鲸（秘鲁中喙鲸）、史氏中喙鲸、铲齿中喙鲸、布氏中喙鲸（柏氏中喙鲸）、谢氏塔喙鲸、柯氏喙鲸（剑吻喙鲸）

4. 恒河豚科（共 1 种）：南亚河豚（恒河豚）【濒危】

5. 亚河豚科（共 1 种）：亚河豚（亚马孙河豚）

6. 白鱀豚科（共 1 种）：白鱀豚【野外灭绝】（功能性灭绝）

7. 拉河豚科（共 1 种）：拉河豚（普拉塔河豚）

8. 一角鲸科（共 2 种）：白鲸、一角鲸

9. 海豚科（共 38 种）：康氏矮海豚（花斑喙头海豚）、黑矮海豚（智利矮海豚）、海氏矮海豚（喙头海豚）、赫氏矮海豚（新西兰黑白海豚）、长吻真海豚、短吻真海豚、小虎鲸（侏虎鲸）、短肢领航鲸、长肢领航鲸、灰海豚（黎氏海豚）、弗氏海豚（沙捞越海豚）、大西洋斑纹海豚（大西洋白侧海豚）、白喙斑纹海豚、皮氏斑纹海豚（南方海豚）、沙漏斑纹海豚、太平洋斑纹海豚（镰鳍斑纹海豚、太平洋短吻海豚）、暗色斑纹海豚（朦胧海豚）、北露脊海豚、南露脊海豚、伊河海豚（短吻海豚）、澳洲短吻海豚（短鳍海豚）、虎鲸（逆戟鲸）、瓜头鲸、伪虎鲸（拟虎鲸）、大西洋驼海豚、中华白海豚（印太驼海豚、中华驼海豚）、印度洋驼海豚（铅色白海豚）、澳洲驼海豚、土库海豚（亚马孙河白海豚）、圭亚那海豚、热带点斑原海豚（热带斑海豚）、短吻飞旋原海豚（大西洋原海豚）、条纹原海豚（蓝白海豚）、大西洋点斑原海豚（花斑原海豚）、长吻飞旋原海豚（飞旋海豚）、糙齿海豚、印太瓶鼻海豚（东方宽吻海豚、南瓶鼻海豚）、瓶鼻海豚（宽吻海豚）

10. 鼠海豚科（共 7 种）：印太江豚（宽脊江豚）、长江江豚（窄脊江豚）、黑眶鼠海豚（南美鼠海豚）、港湾鼠海豚（鼠海豚）、加湾鼠海豚（小头鼠海豚）【极危】、棘鳍鼠海豚（阿根廷鼠海豚）、白腰鼠海豚（无喙鼠海豚）

巨鲸传奇
LEGEND OF THE GREAT WHALE

后记

习总书记在党的第十八次代表大会上提出："要进一步关心海洋、认识海洋、经略海洋，推动我国海洋强国建设不断取得新成就。"①

浩瀚的海洋不仅是生命的摇篮，孕育着无数生命，更是各种各样生物赖以生存、繁衍生息的乐园。从海洋微生物到海洋植物，再到海洋动物，丰富多彩的海洋生物王国能否繁荣昌盛，离不开人类对海洋母亲的呵护。

一滴水里观沧海，一粒沙中看世界。让我们谨记习总书记的讲话，从自身做起，从此刻做起，关爱海洋、善待海洋、保护海洋，这是我们共同的责任和使命！

最后，感谢江苏省如东县人民政府和如东洋口港经济开发区！正是他们睿智的选择，不仅使"洋洋"获得了新生，更令青少年对科学的探索和兴趣得以提升，并且为生物塑化技术提供了一个完美的舞台，让生物塑化技术能够为社会所知，使得我国在此技术领域的国际领先地位得到了再一次的证明。同时，感谢大连鸿峰生物科技有限公司制作团队、生命奥秘博物馆、大连自然博物馆、大连医科大学的各位专家，正是他们的鼎力支持，才确保本书能够早日与广大读者见面。

2020 年 8 月 4 日于大连金石滩生命奥秘博物馆

---

① 新华网 . 2013-07-31. 习近平：进一步关心海洋认识海洋经略海洋 推动海洋强国建设不断取得新成就 . www.xinhuanet.com/politics/2013-07/31/

巨鲸传奇

LEGEND OF THE GREAT WHALE

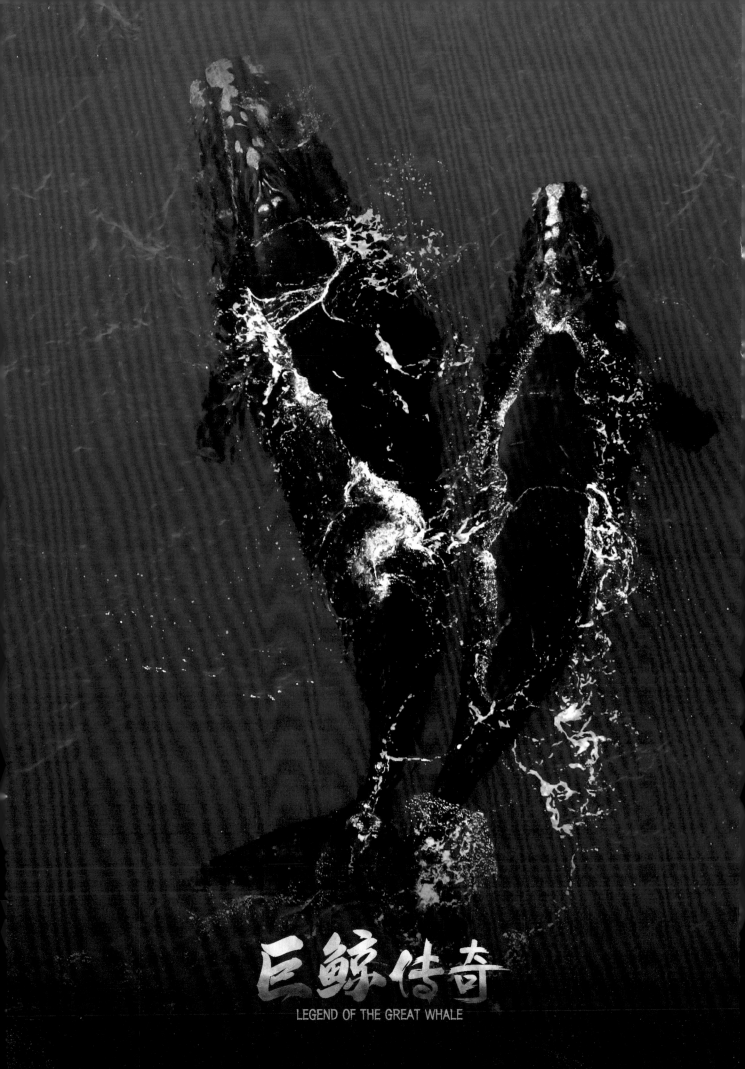

巨鲸传奇

LEGEND OF THE GREAT WHALE